# BASIC STYLING PRO

## 베이직 스타일링 프로

구민사

# 베이직 스타일링 프로
# BASIC STYLING PRO

이재숙 · 우선제 · 김용순 · 전소리 · 문소희 · 김유라

구민사

## 저자 프로필

### 이 재 숙

• 광주여자대학교 미용과학과 교수
• 미용기능장, 이용기능장

### 우 선 제

• 우선제 헤어루시 원장

### 김 용 순

• 건양사이버대학교 글로벌뷰티학과 겸임교수
• 대전보건대학교 뷰티케어과 겸임교수
• 대전대학교 평생교육원 이용장과정 주임교수
• 前) 광주여자대학교 미용과학과 겸임교수
• 미용기능장, 이용기능장

### 전 소 리

• 서경대학교 외래교수
• 前) 광주여자대학교 겸임교수
• 미용기능장, 이용기능장

### 문 소 희

• 광주여자대학교 미용과학과 겸임교수
• 초당대학교 뷰티미용과 겸임교수
• 청암대학교 뷰티미용과 겸임교수
• 계명문화대학교 뷰티코디네이션학부 겸임교수

### 김 유 라

• 현) 우송정보대학 뷰티디자인학부 초빙교수
• 전) Wella Professionals 최우수강사
• 전) 광주여자대학교 미용과학과 겸임교수
• 전) 우송정보대학 뷰티디자인학부 겸임교수

# 머리말

뷰티디자인은 인체에 심미적, 실용적, 예술적, 문화적 가치를 부여하는 제 요소들을 종합하여 개인의 개성에 가장 적합한 특성을 창출하는 지적 조형 활동으로 정의된다. 그러므로 뷰티디자인은 얼굴을 비롯한 신체적 조건과 그에 따른 이미지를 가장 심미적으로 표현할 수 있는 미용인의 능력에 의해 창출되는 창조활동이다. 그 중 헤어미용은 인간의 모발을 아름답게 표현하는 예술로써 인류의 역사와 함께 발달하였으며, 시대 조건에 따라 인간의 미적 본능의 욕구도 다양화됨에 따라 헤어미용도 다양화되어 갔다. 특히 비달사순 이후, 시대를 이끌어가는 패션이나 사회문화 현상이 헤어스타일에 영향을 미치면서, 헤어 미용 분야에서는 드라이와 아이론이 헤어스타일을 개성 있게 창출하는데 가장 중요한 요소로 자리 굳힘을 하였다. 이러한 헤어스타일링은 인간을 보다 아름답게 해 줌으로써 삶을 더욱 건강하게 가꾸어 주고 있다.

현대 여성들이 자신만의 개성을 연출하고자 할 경우, 얼굴과 신체적 조건에 따른 이미지를 자신이 원하는 심미적 이미지로 이해하고 표현할 수 있어야 한다. 이처럼 자신만의 얼굴형과 신체조건, 이미지를 보완하고 강조하기 위한 스타일링 방법의 중요한 요소가 볼륨과 웨이브이다. 이러한 볼륨과 웨이브는 드라이와 아이론을 이용하여 각도변화와 회전, 열 관리 등 요소에 의해서 다양하게 표현된다.

이에 본 서는 모발이론, 드라이와 아이론 관련된 지식을 비롯하여 시술 테크닉과 일련의 시술과정 등을 충분히 익힐 수 있도록 기초부터 응용까지, 그 내용을 상세하게 수록하였으므로 누구나 쉽게 드라이와 아이론의 이론과 기술을 정립할 수 있고, 현장에서 고객에게 바로 적용 및 응용할 수 있을 것이다.

바쁜 일정 가운데서도 마음을 합하여 교재의 완성도를 높여준 공동 집필자와 촬영에 도움주신 최동화 사장님, 이광열 선생님, 본 교재가 출간될 수 있도록 애정을 가지고 지원해주신 도서출판 구민사의 조규백 사장님과 직원 여러분께 깊은 감사를 드린다.

# CONTENTS

## 제1편 이론편

## 제1편 이론편

### 제4장 두상 부위와 역할



### 제5장 블로우 드라이 및 아이론 실제

# CONTENTS

## 제2편 실습편 [기초 드라이 및 아이론]

### 제 1장 기초 드라이



### 제2장 기초 아이론

## 제3편 응용편 [블로우 드라이 및 아이론]

### 제 1장 드라이 스타일



### 제2장 플랫 아이론 스타일



### 제3장 반 원형(반달) 아이론 스타일



### 제4장 원형 아이론 스타일

# 제1편 이론편

# BASIC STYLING PRO

## 성공을 위한 미용인의 자세

미용학이란 인체를 다루는 분야라는 관점에서 과학적인 연구와 미용(기)술의 실천에 관한 학문이다. 폭넓은 지식과 기술, 예술적 감각 등 다양한 능력을 고루 갖춘 미용 전문가(Beauty specialist)가 되기 위해 끊임없는 훈련과 매력있는 외모관리, 호감이 가는 성격을 개발해야 한다. 또한 바른 전문 직업윤리관을 지니고 전문적인 경력을 쌓아 나가야 한다. 성공은 누구나 꿈꾸는 목표다. 따라서 성공하려는 본인의 의지가 가장 중요하다.

즉 성공할 기회를 꾸준히 그리고 지혜롭게 찾아야만 성공할 수 있는 기회가 만들어 진다. 이러한 측면에서 미용인이 성공하려면 먼저 패션의 흐름을 읽어내는 능력이 필요하다. 본질적인 것은 눈에 보이지 않는다. 따라서 세상에 대한 끝없는 자기 혁신은 수많은 실패를 가져오지만 결국 본질에 눈을 뜨게 한다. 자기반성 없이는 자기 혁신도 없다. 혁신적인 삶을 영위하기 위해서는 자신의 삶을 주도해야 한다. 주도적인 삶을 살아가는 사람은 책임감이 강한 사람이다. 책임감이 강한 사람은 고객과의 관계에서 기분과 감정을 스스로 통제할 수 있는 사람이다.

미용인은 패션을 읽어내는 예민하면서도 풍부한 예술적 감수성을 바탕으로 고객과 공감하고 니즈(needs)를 파악하여 고객의 아름다움을 추구해주어야 하는 책임감 강한 의지가 있어야 한다.

#### 위의 사항을 실천하기 위한 가이드

① 약속/책임 : 목표를 이루겠다는 자신과의 약속, 그리고 책임 있게 지켜 나간다.
② 태도/자세 : 목표에 집중하고 항상 긍정적인 사고와 태도를 지닌다.
③ 팀플레이(협동) : 주위의 사람과 좋은 관계를 유지한다. 발전과 성공에 도움이 된다.
④ 자신에 대한 평가 : 끊임 없는 자아 평가를 통해 자아를 발전시킨다.
⑤ 자신과의 경쟁 : 환경과 조건이 다 갖추어져도 나를 이기지 못하면 실패다.
⑥ 목표설정 : 항상 단기, 중기, 장기의 목표를 세우고 이루려고 노력한다.

### 1. 모발의 정의

모발은 피부의 부속기관이다. 모발은 사람의 몸에 난 털을 통틀어 이르는 말로서 사람의 머리털 즉 두발을 의미하기도 한다. 모발은 미적 아름다움을 선사하기도 하지만, 추위로 부터, 외부의 충격으로 부터, 온도변화로 부터, 직사광선 등으로 부터 뇌를 보호하고, 우리 몸의 유해 물질인 중금속 등을 체외로 배출시킨다. 한의학적으로는 특히 신(腎)과 혈(血)의 상태를 진단하는 지표로서 짙고 풍성한 모발은 곧 건강한 신체를 의미하며 건강함의 상징이기도 하다. 모발학에서 다루는 모발은 미용인들이 항상 다루는 것이기 때문에 가장 중요한 과제이다.

모발을 건강하고 아름답게 유지하기 위해서 모발을 다루고 손질하는데 세심한 주의를 기울여야 한다. 고객의 모발 상태에 관한 분석과 모발건강을 위한 적절한 처방, 건강과 아름다움을 유지하기 위해 쏟는 정성은 모든 미용인들이 항상 염두해 두어야 할 사항이다. 따라서 윤기있고 볼륨감 있는 모발은 동안의 필수 조건이다.

# 제1장 모발 이론

## 1. 모발의 구성

모발의 주성분은 케라틴이라는 경단백질이다. 이 케라틴은 손톱, 발톱, 각질 등을 이루고 있으며 18종의 아미노산으로 구성되어 있다. 시스틴 아미노산은 모발 중에 함유하고 있는 아미노산 가운데 가장 높은 비율을 차지(16%)한다. 그 외에 수분(10~15%), 멜라닌 색소(3%), 지질, 미량 원소 등으로 구성된다. 일반적인 모발의 성분은 탄소 50.65%, 산소 20.85%, 질소 17.14%, 수소 6.36%, 유황 5.0%의 원소로 이루어져 있다.

## 2. 모발의 구조

성장한 모발은 표피 내부에 있는 모근(毛根)과 표피 바깥으로 나와 있는 모간(毛幹)으로 나눌 수 있다. 이러한 모발은 피부의 일부분으로 모근은 모발의 생리(生理), 모간은 형태(形態)적인 부분을 담당한다. 모발은 모표피, 모피질, 모수질의 3층 구조로 나눠며 상세구조는 다음과 같다.

### 1) 모표피(모소피, Hair Cuticle)

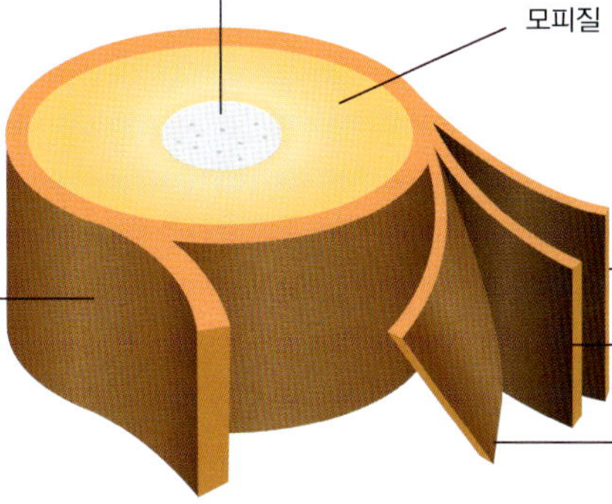


[그림 1-1] 모표피 구조

모표피는 모발의 가장 외부에 위치하고 있다. 모표피는 케라틴이라는 경단백질로 구성되어 있으며, 화학적 저항성이 강하고, 친유성으로 외부적인 자극으로부터 모발 내부를 보호하며 모발 표면에 광택을 내는 역할을 한다. 이러한 모표피는 팽창 능력이 커서 화학 물질을 쉽게 흡수하고 알칼리와 접촉하면 팽창되어 잘 열리며 산과 접촉하면 단단해지면서 폐쇄된다.

모표피의 형상은 비늘모양 또는 기와지붕 모양처럼 겹쳐져 있는 모습을 하고 있지만 멜라닌 색소가 없어 반투명하게 보인다. 모발의 두께를 나타내는 모표피의 겹침수는 일반적으로 4~10장이며 많이 겹쳐진 모발의 경우는 20장인 것도 있다.

모발 큐티클이 겹겹이 쌓여 있는 모양의 형태를 '문리'라고 한다. 모발 손상 정도에 따라 문리의 배열 정도와 큐티클층의 두께가 서로 다르기 때문에 문리를 통해 모발의 손상 정도가 판단된다.

| 모발 상세 구조 | 구분 | 설명 |
|---|---|---|
| **모표피 상세 구조** | 최외표피/ 에피큐티클 (Epicuticle) | 모발 가장 바깥에 있는 층이며 두께 10㎛ 정도의 얇은 막으로 지질 · 다당류 · 당류 · 섬유 단백질 층으로 견고하게 결합되어 있다.<br>30% 이상의 높은 시스틴을 포함 하고 있으며, 수증기는 통하지만 물은 통과할 수 없어 산소와 화학약품에 대한 저항이 가장 강한 층인 반면, 기계적인 작용을 받으면 쉽게 손상된다. |
| | 외표피 / 엑소큐티클 (Exocuticle) | 큐티클 구조의 2/3를 구성하는 중간층으로 시스틴이 약 15% 정도 함유되어 있어 물리적 · 화학적 저항력이 에피큐티클보다 낮기 때문에 퍼머넌트 웨이브제와 같은 시스틴 결합을 절단시키는 약품에 영향을 받기 쉬운 층이다. |
| | 내표피 / 엔도큐티클 (Endocuticle) | 모발 가장 안쪽에 위치하고 큐티클 층의 가장 약한 부분으로 3% 이하의 시스틴 함유량으로 큐티클 침식성 약품에 대해서는 강하지만, 단백질 침식성의 약품에 대해서는 약한 층이다.<br>모표피 세포의 사멸된 핵이 있는 부분으로 엔도큐티클의 안쪽면은 세포막 복합체(CMC: Cell Membrane Complex)가 존재하며 인접한 모피질을 밀착시키고 있다. |

**여기서 잠깐!**

**세포막 복합체(CMC: Cell Membrane Complex)란?**

모표피와 모표피, 모표피와 모피질 사이에서의 세포간을 접착시켜주는 세포간충물질로 400-600 Å의 두께를 가지고 있으며 시스틴 함량은 약 2 %로 매우 적다. 세포막복합체는 모발섬유 전체의 15%를 차지하며 모발의 수분과 화학 약제 등이 지나갈 수 있는 물질을 수송하는 통로의 역할을 한다. 따라서 CMC가 손상되면 모발의 수분 및 단백질의 유실이 쉬워지며 모발이 부스스한 상태가 된다.

### 2) 모피질(Hair Cortex)

모피질은 모발의 대부분인 85~90%를 차지하며 피질세포(결정영역)와 세포간 결합물질(Matrix, 비결정 영역, 기질)로 구성되어 있다. 모피질은 세포와 세포 사이에는 섬유상 케라틴(간충물질)이 서로 강하게 연결되어 있으며, 이 간충물질의 정도에 따라 모발의 성질과 영양 상태 및 탄성과 부드러움이 결정된다. 모발의 성질은 가장 중요한 모발의 강도(세기), 탄성, 유연성, 성장의 방향, 굵기, 질, 색소 등을 나타낸다.

모피질은 수백만 개의 딱딱한 케라틴(Keratin) 섬유로 구성된 아미노산의 다중 결합인 폴리 펩타이드(Poly peptide) 구조를 하고 있다. 모피질은 모발이 화학적, 물리적으로 약제의 작용을 쉽게 받으므로 퍼머넌트와 염색 및 탈색 그 밖의 미용 시술과 가장 관련이 깊다.

#### (1) 결정 영역(폴리펩타이드 결합)

결정 영역은 매크로피브릴(Macro fibril)이라고 불리는 방추형을 한 섬유상 다발로 이루어진 구조로서 모발의 탄력, 강도, 감촉, 질감, 색상을 좌우하며 모발의 성질을 나타내는 중요한 부분이 된다.

[모피질의 미세구조]

모피질의 미세조직은 매크로피브릴(Macro fibril)로 구성되어 있으며 매크로피브릴은 결정 영역인 마이크로피브릴과 비 결정 영역인 기질(Matrix) 조직으로 구성되어 있다. 마이크로피브릴은 긴 폴리 펩타이드가 규칙적으로 배열된 섬유로 결합되어 있으며 강한 수소 결합 때문에 화학 반응을 일으키기가 어려운 영역이다.

피질세포 → 매크로피브릴 → 마이크로피브릴 → 프로토피브릴
→ 폴리 펩타이드 → 펩타이드 → 아미노산

① 매크로피브릴(Macro fibril)

매크로피브릴은 길이가 약 0.1-0.4 ㎛이며 마이크로피브릴(intermediate filaments)과 마이크로피브릴을 둘러싸고 있는 기질조직으로 구성되어 있다.

② 마이크로피브릴(Micro fibrils, intermediate filaments)

마이크로피브릴은 매크로피브릴 안에 구형으로 존재한다. 마이크로피브릴은 11개(2+9)구조의 프로토피브릴이 꼬여 배열되어 있다. 마이크로피브릴의 직경은 약 4000 Å이며, 시스틴 함량은 약 6-7%로 적게 존재한다.

③ 프로토피브릴(Proto fibril)

프로토피브릴은 폴리 펩타이드 사슬 3개가 나선형(알파-헬릭스)으로 꼬여서 새끼줄 모양으로 구성되어 있다.

④ 폴리 펩타이드(Poly peptide)

폴리 펩타이드는 수많은 아미노산의 연결체로써 20가지의 서로 다른 아미노산들이 펩타이드 결합이라고 하는 화학 결합으로 길게 연결된 주쇄결합을 말한다.

폴리 펩타이드는 나선형의 $\alpha$-헬릭스(Alpha-helix)와 길게 펼쳐진 $\beta$-가닥($\beta$-strand) 그리고 부정형의 루프(Loop)로 나눌 수 있다.

- 알파-헬릭스($\alpha$-Helix) : 나선형의 폴리 펩타이드를 $\alpha$ helix라고 하며 폴리 펩타이드 사슬의 2차 구조의 한 형태로 수소결합에 의해 안정성을 유지한다. 나선의 한쪽면 가지사슬은 소수성이고, 반대쪽 가지사슬은 친수성이기 때문에 전체적으로 보면 양친매적(Amphipathic)이다.
- $\beta$-가닥($\beta$-strand) : 병풍이나 주름치마처럼 주름잡힌 판모양으로 형성된 폴리 펩타이드를 $\beta$-strand라 한다. 펩타이드 결합 사이의 수소결합에 의해 유지되는 매우 경직된 구조로 짧지만 여러 개가 모여 베타시트($\beta$-sheet)를 이루게 된다.

⑤ 아미노산

아미노산은 단백질을 구성하는 원료물질로 염기성 아미노기 $-NH_2$ 와 산성의 카르복시기 -COOH를 가진 유기 화합물의 총칭하는 것이다.

모발을 구성하는 단백질은 18가지 아미노산이 결합하고 있는 형태이며 왼쪽에 아미노기($-NH_2$), 오른쪽에 카르복실기(-COOH)를 가지고 있다.

아미노기는 (+) 이온을, 카르복실기는 (-) 이온을 가진 양쪽성 물질로 R기(곁가지)에 따라 아미노산의 종류가 달라진다. 중성 아미노산은 하나의 분자에 알칼리성인 아미노기와, 산성인 카르복실기를 하나 씩 가지고 있어 균형을 이루고 있다.

곁사슬

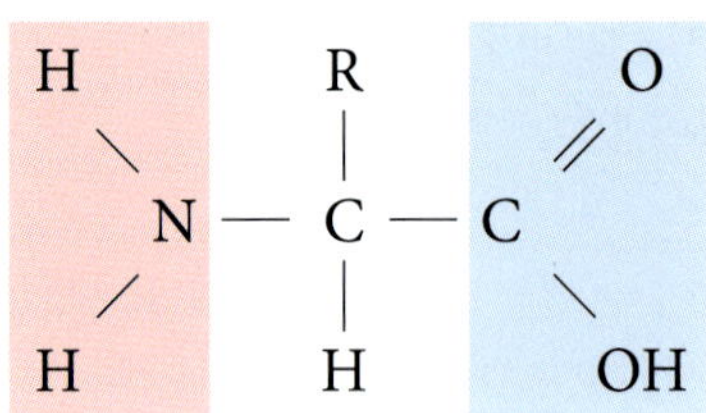

아미노기 카르복실기

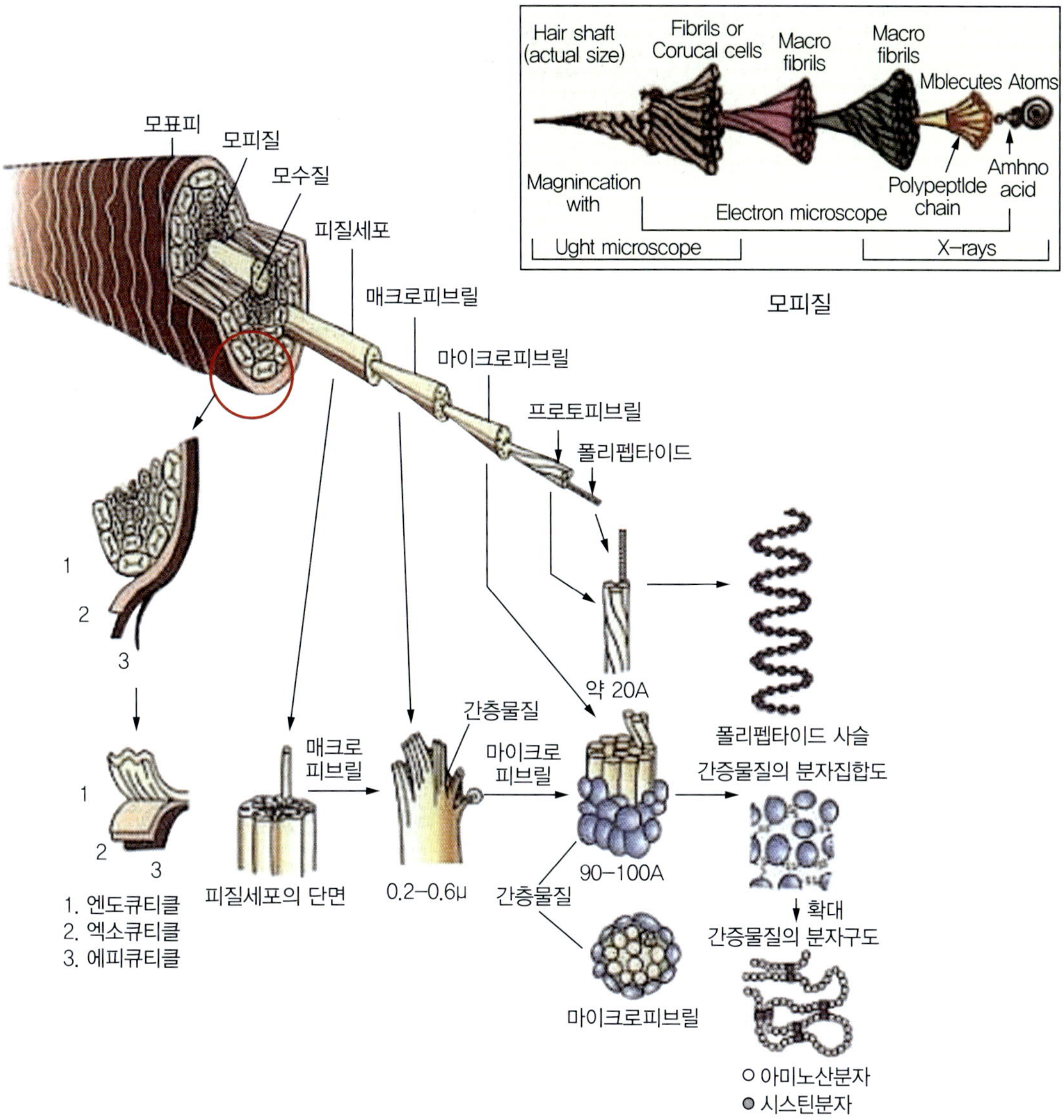


[그림 1-2] 모발의 미세 구조

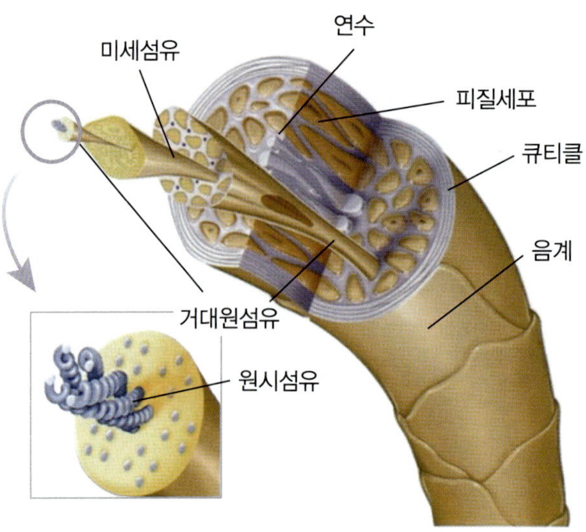


[그림 1-3] 폴리펩타이드 결합

### (2) 비결정 영역(세포 간 결합물질/기질(Matrix))

비결정 영역은 간충물질, 세포 간 결합 물질이라고도 부르며 펩타이드 섬유 사이사이를 채우는 물질로서 섬유다발을 고정시켜 주고 연결하는 다리 역할을 한다.

전체 비결정영역의 일부분(1/8)은 케라틴 단백질로 되어 있으나 아미노산의 배열이 규칙적이지 않아 일정한 형태가 없다. 시스테인 함량이 가장 많은 부위로 퍼머넌트 웨이브를 유지하고 수분 유지 및 부드럽고 견고한 탄력 있는 모발을 형성하며 염모제의 염료를 고착시키는 기능과 퇴색을 막아준다.

간충물질은 모발의 손상에 가장 큰 원인이 되는 것으로 수소결합이 약하고 유연하기 때문에 화학적 작용을 받기 쉽다.

### 3) 모수질(Medulla)

모발의 중심 부분에 속이 비어 있는 부위로, 공기를 함유하여 보온의 역할을 한다. 가는 모발에서는 발견되지 않고 굵은 모발에서만 발견되는데, 모발에 따라서 수질층이 일정하게 연결되어 있기도 하고 불규칙적이거나 또는 전혀 없는 것도 있다. 수질층을 많이 보유한 모발은 퍼머넌트 웨이브가 강하게 잘 형성되나 그렇지 않은 모발은 웨이브 형성이 약하게 느껴진다.

[그림 1-4] 모수질

**여기서 잠깐!**

**모발의 구성성분**

모발은 80~90%가 단백질, 그 외에 수분(10~15%), 지질(1~8%), 멜라닌 색소(3%), 미량 원소(0.6~1%) 등으로 구성되어 있다.

## 3. 모발의 분류

모발은 모발 단면의 형태와 굵기에 따라 분류할 수 있다. 굵기에 따라 경모와 연모로 나뉘며, 모발은 태아에서의 취모, 출생 시의 연모는 출생 후 성장하면서 경모로 바뀌게 된다. 사람의 일생에서 사춘기가 되면 모든 모낭에서는 경모가 성장하여 가장 모량이 많은 시기가 되나 나이가 들어감에 따라 모주기를 되풀이하여 연모로 되돌아가는 현상이 나타난다. 이러한 현상은 탈모의 진행 정도를 체크하는 데 있어 중요한 자료로 활용되고 있다. 형태에 따른 분류는 직모, 파상모, 축모로 나뉜다.

### 1) 굵기에 의한 분류

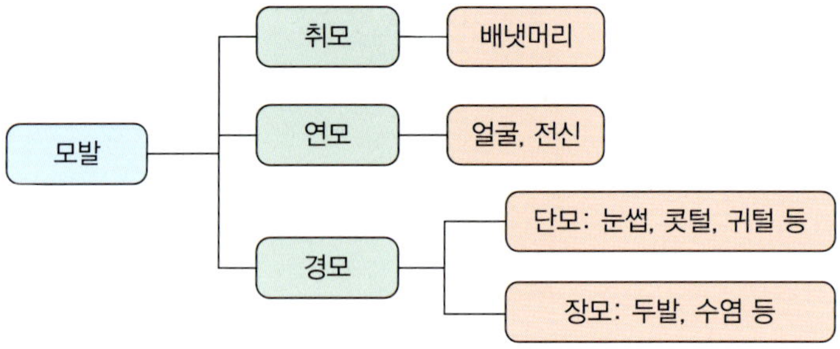


[그림 1-5] 모발 굵기에 의한 분류

#### (1) 취모

출생 전의 털로 태생기 즉, 임신으로 태아가 발생하여 약 20주가 지나면 처음으로 나타나는 가늘고 연한 색깔의 털이다. 출생 무렵에 빠지고 새로 자라나 배냇머리라고도 부르며 연모로 점차 변하게 된다. 이는 섬세하고 부드러운 털로서 모발의 색이 연한 것이 특징이다.

#### (2) 연모(솜털)

피부의 대부분을 덮고 있는 솜털을 말하며 0.08mm 이하로 가늘고 짧으며 색소가 거의 없이 잘 보이지 않고, 모표피가 40%, 모피질이 60%의 비율로 존재하고 모수질이 없다. 취모가 모낭에서 탈락되면서 연모가 자라고 이 연모는 사춘기를 전후로 인체 부위에 따라 풍부한 색소를 갖게 되면서 대부분 굵고 튼튼한 경모로 바뀌고, 탈모 진행형 모발에서도 볼 수 있다. 남성형 탈모증이 진행될 때 앞쪽 머리에서도 볼 수 있으며 겨드랑이, 성인 남성의 턱에 자라는 연모는 사춘기 시기를 지나 성모로 바뀐다.

#### (3) 경모(성모)

보통 굵고 긴 털을 의미하며 0.15~0.20mm 정도로 굵고 긴 모발이며, 모낭이 생산하는 마지막 털이라 하여 종모라고도 한다. 성인에게서 볼 수 있는 머리카락, 눈썹, 속눈썹, 각 부위의 수염, 겨드랑이 털, 생식기 주변에 나는 털은 모두 종모이다. 연모가 종모로 자라는 정도는 유전적인 요인과 내분비기관의 영향에 따라 다르며 이 영향의 정도에 따라 서양인 남자에게 많은 가슴의 종모가 동양인에게도 생기게 되는 것이다. 경모는 모표피가 10%이고 모피질이 90%를 차지하고 멜라닌 색소를 가지고 있다.

### 2) 형태에 따른 분류

모발의 단면 형상을 크게 분리해 보면 원형, 타원형, 다양한 형태의 편형의 3종류로 분류된다. 직모가 많은 동양인의 모발은 보통 직모가 많지만 원형과 타원형의 혼합이면 약간 곱슬이며, 타원형과 편형의 혼합이면 심한 곱슬머리가 된다. 또한, 태어날 때 직모를 가지고 있다고 해도 나이에 따라 곱슬의 형태가 심해지는 모발이 있는가 하면 그렇지 않은 모발도 있다. 이러한 현상들은 호르몬의 밸런스 변화, 음식이나 환경의 영향을 받기도 하고 자율신경의 밸런스가 깨지는 것도 원인이다.

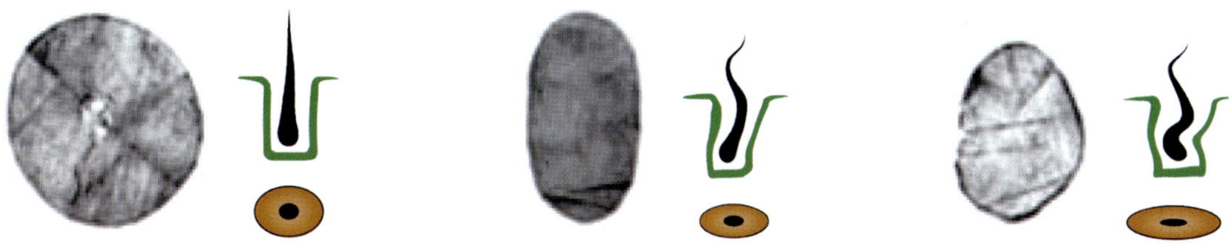

황인종(직모) 백인종(파상모) 흑인종(축모)

[그림 1-6] 모발 형태의 따른 분류

#### (1) 직모

직선에 가까운 모발 형태로서 아시아의 황인종, 에스키모, 아메리카 인디언 등의 모발이 포함된다. 전자 현미경에 의해 관찰된 횡단면은 원형에 가까운 모양이다.

#### (2) 파상모(반 곱슬모)

파상의 물결 모양을 이루는 모발로서 파상의 정도는 다양하다. 전자 현미경에 의해 관찰된 횡단면은 타원형에 가까운 모양이다. 백인, 오스트레일리아 원주민, 인도네시아인 등의 모발이 포함된다. 백인, 오스트레일리아 원주민, 인도네시아인 등의 모발이 이에 속한다.

#### (3) 축모(곱슬모)

흔히 곱슬머리라고 하며 모경지수가 0.5~0.6 정도로 편평하며 다양한 형태의 부정형 납작한(Flat) 형태이다. 심한 곱슬머리 모양으로 흑인(흑인종)에게 많으며 선천적, 유전적인 경향이 강하다.

## 4. 모발의 기능

### 1) 보호 기능

모발은 뜨거운 태양열로부터 피부를 보호하고 추위를 막아주며, 외부의 충격을 완화시켜 뇌를 보호하고 화학물질이나 세균의 감염으로부터 방어하는 역할을 한다.

### 2) 배출 기능

모발은 혈액 순환에 의해 산소와 영양분을 공급받아 성장함에 따라 혈액 내의 유해한 중금속 성분들을 모발을 통해 배출하는 기능을 한다.

### 3) 건강측정의 기능

신체에 이상증상 즉, 각 호르몬의 이상, 영양과 철분 등의 부족, 심한 스트레스 등은 탈모 현상을 일으키는 원인이 되므로 모발의 상태는 건강 상태를 알 수 있는 하나의 지표 역할을 한다.

### 4) 장식적(미용적) 기능

헤어스타일에 따라 전혀 다른 이미지를 나타내는 모발은 우리 인체에서 쉽게 장식적으로 표현 할 수 있는 부분이다. 따라서 개성을 중시하는 요즘은 개인적인 장식 기능이 모발의 주요 기능으로 점차 부각되고 있다.

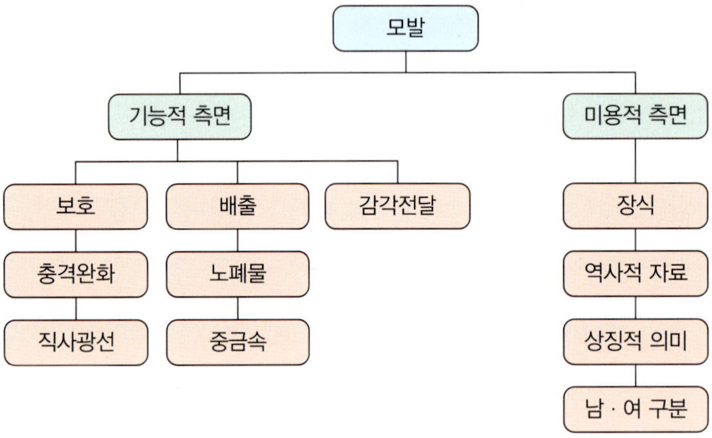


[그림 1-7] 모발의 기능에 의한 분류

## 5. 모발의 물리적 성질

모발의 물리적 구조를 나타내는 흡습 관계는 물과 어떤 물질과의 화학적, 물리적, 기계적 결합을 가진다.

### 1) 모발 밀도

모발의 밀도란 일정 넓이에 차지하고 있는 모발의 성김 정도를 말하며 저밀도는 $1cm^2$ 당 120본의 모발, 중밀도는 $1cm^2$ 당 140~160본의 모발, 고밀도는 $1cm^2$ 당 200~220본의 모발 밀도를 나타낸다.

총 모발 갯수는 동양인은 8~10만본, 서양인은 10~12만본이 평균수치이다.

### 2) 모발 고착력

1가닥의 머리카락을 두피로부터 뽑아내는 데 필요한 힘을 모발의 고착력이라 하며 정상모는 약 80g, 휴지기 모는 약 20g의 힘이 필요하다.

### 3) 모발 강도

모발을 당겼을 때 끊어지는 정도를 모발 강도라 하며 모발의 직경, 손상정도, 영양상태, 수분함량 등에 따라 다르다. 정상모는 약 150g, 손상모는 약 100g 이하의 힘이 필요하다.

### 4) 모발 굵기

모발 굵기는 연령, 환경, 건강상태, 탈모진행 전도, 인종, 성별 등에 따라 달라지며 남성은 평균 24세 이후, 여성은 평균 30세 이후에 변화가 진행된다. 0.08mm를 기준으로 연모와 경모로 나뉜다.

### 5) 모발 탄성도

모발은 모발 외부에 일정한 힘을 가했을 때 원래 모습으로 돌아가려고 하는 성질을 가진다. 이를 탄성도라고 하며 모발 수분함유량, 모발 손상도에 따라 달라질 수 있다.

특히 모발이 수분을 함유하고 있을 시에는 최대 1.5~2배 정도로 길이 변화가 가능하며 모발의 직경이 약 16% 정도 증가한다.

### 6) 질감

모발 표면의 감촉을 말하며 모발 손상도나 굵기에 따라 다르다, 모발 표면을 확대 관찰 시, 큐티클의 무늬가 규칙적이고 들뜨지 굴곡 없이 매끈한 모양을 띄고 있으면 좋은 질감으로 판단하여 건강모로 진단한다.

### 7) 다공성

모발 내부에 존재하는 빈 공기층으로 수분을 흡수하는 성질을 다공성이라고 한다. 물리적·화학적인 요인에 의해 모발이 손상되거나 영양이 결핍되면 모발은 흡수성의 성질로 바뀌고 많은 수분을 끌어당기게 된다. 다공화 정도가 클수록 손상모로 진단한다.

### 8) 모발과 pH

모발을 위한 이상적인 pH는 4.5~5.5의 약산성의 수치로 음이온과 양이온의 개수가 유사해지는 시점이다. 이를 '모발의 등전점'이라고 한다.

pH의 수치가 낮아지면 산성의 성질을 띠며 모발은 수축되거나 경화되는 변화를 가진다. 너무 산성수치가 높을 경우 바스러지기도 한다.

pH의 수치가 높으면 알칼리의 성질을 띠고 모발은 팽윤되거나 연화되는 변화를 가진다. 너무 알칼리수치가 높아지면 큐티클이 부풀어 올라 탈락될 수 있다.

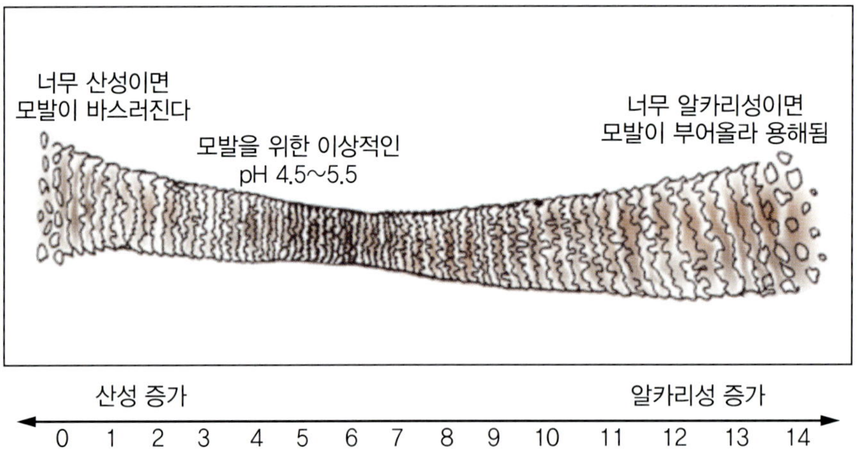


[그림 1-8] 모발과 pH

### 9) 대전성

모발에 물체가 닿을 때 전하에 의해 정전기가 발생하는 것을 대전성이라고 한다. 모발은 정전기에 의해 손상이 되기도 하므로 대전성을 줄일 수 있는 약산성의 성질을 가진 샴푸제를 사용하거나 나무재질로 되어 있는 브러시를 사용하면 대전성을 줄일 수 있다.

### 10) 열변성

열이 모발에 미치는 영향은 건열과 습열에서 각기 다르다. 건열에서는 120℃ 전후에서 팽화되고, 130~150℃에서 변색이 시작되고 시스틴이 감소하며, 180℃ 이상에서는 케라틴 변성이 일어나며 270~300℃가 되면 분해되기 시작한다. 습열에서는 습도 70%, 온도 70℃부터 변성된다.

## 6. 모발의 결합

모발은 세로결합인 주쇄결합과 가로결합인 측쇄결합으로 단단한 구조를 이루면서 모발의 물리 화학적인 성질을 결정짓게 된다
모발의 미세구조에서 피질세포의 매크로피브릴에서 펩타이드까지는 연결, 연결된 수많은 섬유다발들이 한방향으로 방향성을 가지고 규칙적으로 배열되어 있는데 이렇게 세로의 한방향으로 방향성을 가지고 규칙적으로 배열된 결합을 주쇄결합이라 하고, 주쇄결합에 가로로 결합됨으로 주쇄결합을 보조하는 보조결합으로 더욱 단단한 구조를 만드는 결합을 측쇄결합이라 하며 대표적으로 3가지 결합을 들 수 있다

① **주쇄 결합**(폴리펩타이드 결합)

폴리펩타이드 결합으로 약 18종류의 아미노산으로 구성된 펩타이드 결합이 긴 쇄상이 된 폴리펩타이드에 의해 반복되어 구성되어 있다. 이러한 구조는 아미노산 A의 -COOH와 또 다른 아미노산 B의 $NH_2$가 결합해 $H_2O$로 되어 탈수된 후 -CO-NH-의 결합 구조를 나타낸다. 케라틴 단백질의 주 사슬을 이루기 위해서 수백에서 수천 개의 아미노산이 모여서 폴리펩타이드 결합을 이루고 있으며 측쇄 결합에 비하여 결합력이 더 강하다.

② **측쇄 결합**(수소결합/시스틴 결합/이온결합)

횡으로 연결된 것이 케라틴 분자를 고정시켜 강도와 탄성 등 여러 가지 특징을 결정한다. 측쇄 결합은 주로 수소 결합(Hydrogen bond), 이온 결합(Ionic bond), 시스틴 결합(Cystine bond) 그 외에 이소펩타이드 결합(Isopeptide bond), 소수결합 등이 있다.

㉠ 시스틴 결합 / S-S 결합 / 이황화 결합(Disulfide bond)

황이 들어 있어 황결합이라 하고 시스틴 결합, 이황화 결합(Disulfide bond)이라고도 한다. 모발 케라틴 내에 시스테인이라는 아미노산이 또 다른 시스테인을 만나 결합하는 과정에서 산소가 작용하여 모발 내 탈(수)축합 반응이 발생하게 되는데 이 과정에서 생성되는 결합이 시스틴 결합이다. 환원제로 모발의 시스틴 결합을 절단하고, 로드(Rod)로 웨이브를 형성한 후 산화제(2제)를 도포함으로서 시스틴 결합을 다시 재결합시켜 주는 역할을 하며 웨이브가 형성된다
측쇄결합 중 가장 강한 결합이나 화학적으로는 절단이 잘 되는 특징이 있다. 따라서 미용시술 중 퍼머넌트에 적용되는 결합이고 결합 발생 과정에서 모발 손상을 초래할 수 있다.

㉡ 이온 결합/염 결합(Ion bond)

인접한 주 사슬 사이의 하전된 아미노기($NH_3$+)와 카르복실기(COO-)가 정전기적인 힘에 의해(이온적으로) 결합하는 것을 이온 결합이라고 한다. 모발 내 등전점 pH 범위 내에서 이온 결합이 가장 많이 형성된다. pH라는 것은 Power of Hydrogen Ions(수소이온농도)로서 어떤 용액의 산성, 알칼리성의 정도를 나타내는 수치로서 수분이 없는 물질에는 pH가 존재하지 않으며 반드시 수분이 있는 물질에서만 측정하여 나타낼 수 있다. 따라서 모발의 경우는 모발표면 또는 피질 내에 있는 수분의 pH를 실측하여 이것을 모발의 pH라 칭하고 있다. pH4.5~5.5(등전점)일 때 결합력이 최대가 되고 가장 안정된 상태가 된다. 모든 미용 시술에 영향을 받으며 특히 모발 클리닉, 퍼머넌트 중화과정, 화학시술 후 알칼리 제거과정 등에서 주로 이루어진다. 손상이 많은 모발은 모발 내 이온이 불안정하므로 염(이온)결합이 발생하지 않을 수도 있다.

ⓒ 수소 결합(Hydrogen bond)

수소결합은 산소와 수소 사이의 잡아당기는 힘에 의해 결합하는 것으로 모발에 수분을 주면 절단되고 모발에 수분을 제거시켜주면 다시 재결합한다. 따라서 모발에 일시적인 변형이 가능하도록 하는데 이러한 원리를 이용한 미용기술이 바로 블로우 드라이(Blow dry)를 포함한 여러 가지 일시적 세팅(Setting)이다. 젖은 모발을 드라이 열로 건조시키거나 드라이를 활용한 스타일링을 하면 모발 형태가 변화되어 유지되다가 물이 닿으면 다시 원래 상태로 돌아오게 되는데 이때 일어나는 일시적인 결합과 절단이 수소 결합의 원리라 할 수 있다. 아미노산 단백질의 결합부인 -CO-NH-(펩타이드 결합)이 수소(H)와 가까운 산소(O)에 대해 가지고 있는 친화력에 의한 결합이라 할 수 있으며 물 분자에 의해 쉽게 절단되는 특징을 가진다.

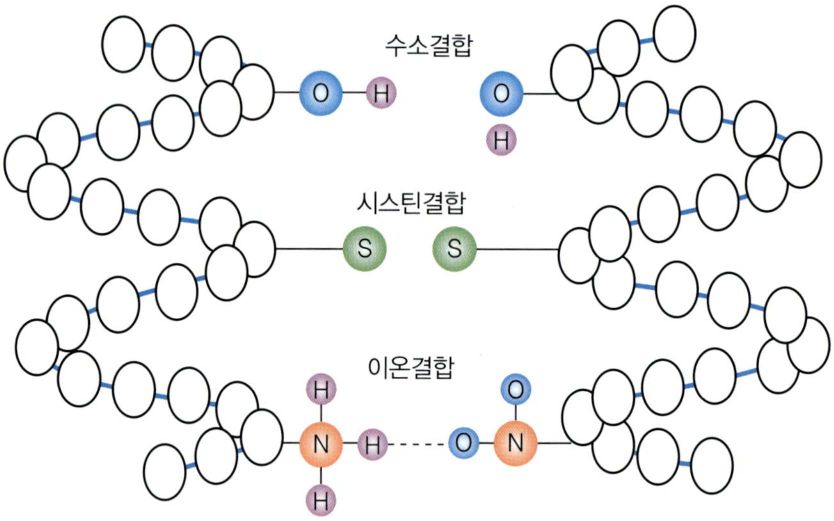


[그림 1-9] 비결정 영역 내의 모발 결합

# 제2장 모발 진단 및 관리

## 1. 모발 손상의 원인

### 1) 물리적 자극에 의한 손상

일상에서 빈번하게 행하는 타월 드라이, 샴푸, 빗질 등으로 모발끼리의 마찰에 의해 자극을 받아 손상을 일으킨다.

#### (1) 타월 드라이에 의한 손상

샴푸 후 팽윤되어 있는 모발을 비벼 손질하면서 발생되는 손상이다.

#### (2) 샴푸에 의한 손상

거품이 풍부하지 못한 상태에서 모발끼리 비벼 씻어 마찰력이 커짐에 따라 발생하는 손상이다.

#### (3) 빗질에 의한 손상

무리한 브러싱이나 역 빗질에 의해 발생한 정전기적 마찰에 의한 손상이다.

#### (4) 열에 의한 손상

블로우 드라이어나 컬, 아이론 등의 과도한 열이 가져온 모발 케라틴 변성이나 모발 구조의 절단 혹은 분해에 따른 손상이다.

#### (5) 기계적 손상

불량한 가위나 레이저 등을 사용하여 커트를 하거나 기술 미숙으로 커트함으로써 발생하는 손상이다.

### 2) 화학 처리에 의한 손상

퍼머넌트제나 염색제, 탈모제에 섞여 있는 알칼리 제품에 의한 손상이다.

### 3) 환경에 의한 손상

공장의 연소가스와 자동차 배기가스 중 황산화물($SO_2$, $SO_3$), 질소산화물($NO$, $NO_2$) 등에 의한 화학적 손상, 대기 중 먼지 등에 의한 물리적 손상이다.

### 4) 일광에 의한 손상

적외선의 열에 의한 모발 단백질 손상, 자외선에 의한 화학적 변화에 따른 손상이다.

### 5) 생리적 요인에 의한 손상

호르몬 불균형 및 편식, 다이어트, 스트레스 등에 의한 손상이다.

## 2. 모발의 관리

### 1) 모발 관리의 목적

신체의 일부인 모발을 아름답게 간직하는 것은 건강의 지표이면서 아름다움으로 표현된다. 특히 만족스러운 헤어스타일을 얻기 위해서는 건강한 모발 관리가 중요하다. 일반적으로 모발이 심하게 손상되면 광택을 잃고 건조해짐에 따라 모발 끝이 갈라지며, 탄력성이 떨어지고 퍼머넌트 웨이브 등이 잘 표현되지 않는다. 모발 손질은 이처럼 모발을 인공적으로 보강하고, 정상적인 상태에 가까워지게 하며, 더 이상 손상되지 않도록 유지하고 보호하는 것을 목적으로 한다.

### 2) 손상 모발의 개선 방법

모발은 스스로 손상된 부분을 회복시킬 수 있는 능력이 없다. 따라서 정상모는 손상되지 않도록 하고, 손상모는 그 이상 진행되지 않도록 보호하는 것이 중요하다.

#### (1) 다공성 모발의 원인과 개선방법

① 원인

모발의 피질 세포를 감싸는 케라틴은 일광 등에 손상되고, 과산화수소수, 알칼리제로 용해되기도 하여 모피질 내의 간충 물질이 빠져나와 빈 공간을 만들어 모발을 약하게 만든다.

② 개선 방법

단백질을 함유한 트리트먼트제를 모발 내부에 충전하는 것이 이상적이다. 또 다공성모에는 강한 산화제를 함유한 화학약품을 가급적 사용하지 않도록 한다.

#### (2) 건성 모발의 원인과 개선방법

① 원인

건성모는 선천적으로 모발의 천연보습인자(N.M.F)인 아미노산의 혼합물이 부족하여 수분을 저장하는 힘이 없다. 또 피지의 분비가 부족해 모발 표면에서 수분이 증발하는 것을 막는 피지막이 형성되지 않아 모발을 손상시킨다.

② 개선 방법

건성모는 모발 중의 수분을 유지하는 것이 제일 중요하다. 보습성이 높은 트리트먼트제로 헤어 팩을 하여 관리를 충분히 하는 것이 좋다.

### (3) 광선에 의해 변성된 모발의 원인과 개선방법

① 원인

광선, 특히 자외선에 의해 변성된 모발은 모발케라틴의 성분인 아미노산이 변성되어 시스틴의 함유량이 저하된다. 따라서 모발의 탄성이 약해지거나 퍼머넌트가 풀리기 쉽게 되는 등의 결점이 나타난다.

② 개선 방법

햇빛, 자외선을 적당히 쬐는 것은 보건상 필요하지만 강한 자외선은 피해야 한다. 특히 해수욕이나 강한자외선 조사 및 광선 처리기의 자외선 조사는 피한다.

### (4) 약품에 의한 변성 모발의 원인과 개선방법

① 원인

모발에 산, 알칼리나 산화제, 환원제를 사용하면 결합이 절단되거나 변성된다. 약품에 의한 변성은 모발의 성질을 크게 좌우하는 시스틴 구조에 영향을 주어 강도와 신장도를 저하시켜 모발을 약하게 만든다. 이러한 약품에 의한 화학 변화는 눈에 보이지는 않지만 모발에 치명적인 손상을 입힌다.

② 개선 방법

한 번 손상되면 원상 복귀하는데 많은 시간과 노력이 들며, 원상 복귀가 안되는 경우가 더 많다. 그러므로 모발에 물리적 변화를 가하는 기술은 어느 정도 사용해도 되지만 화학 약품 사용은 가급적 피하도록 한다.

### (5) 가늘고 힘이 없는 모발의 원인과 개선방법

① 원인

선천적 혹은 후천적으로 여러 가지 원인에 의해 모발이 약하고 가늘며 힘이 없어 손상되기 쉬운 모발로서 정전기가 잘 일어나며 서로 엉키기도 쉽다.

② 개선 방법

수분 유지, 단백질과 유분 공급, 트리트먼트 시술을 한다. 가급적 화학적 시술은 삼가하고 블로우 드라이 스타일링을 할 때는 바른 손질법으로 시술한다.

# 제3장 블로우 드라이 & 아이론

## 1. 블로우 드라이 & 아이론의 역사

블로우 드라이(Blow dry)는 1890년대 프랑스인 헤어디자이너 알렉상드르 고드프루아가 자신의 미용실에 최초로 고정식 블로우 드라이어를 설치하면서 파급되기 시작하였다. 이 후 1950년대에 들어서면서 고정식 블로우 드라이어의 불편함을 개선하기 위해 휴대가 가능한 헤어 드라이어가 개발되었다. 1960년대부터는 헤어 드라이어가 본격적으로 전파되었고, 1970년대에는 프랑스에서 롤카 미용실의 모와누 부인이 '브러싱(Brushing)'이라는 명칭으로 특허 등록을 하였다. 이와 동일한 시기 영국에서는 여성들의 사회참여가 적극적으로 이루어지면서 복잡한 방법에 의한 스타일링보다 빠르고 간편하면서도 자연스럽게 머리손질이 가능하도록 개발된 비달사순(Vidal Sasson)의 커트 앤 블로우 드라이(Cut and blow dry)가 인기를 얻기 시작했다.

우리나라에는 1933년 처음으로 미용실에 블로우 드라이가 도입되었지만 아주 제한된 계층만 이용하였다. 그 후 여성들의 사회 참여 확산에 힘입어 미용실 이용이 급속도로 확산되었다. 미용실에서는 헤어 스타일링을 연출하기 위해 아이론(Iron)에만 의존해 왔으나, 1970년대 일본을 통해 헤어 드라이어가 유입되면서 헤어 드라이어가 함께 사용되었다.

그 후 1980년대에 블로우 드라이가 본격적으로 정착되어 대중화가 되었고, 2000년대부터는 블로우 드라이어와 플랫 및 라운드 아이론을 함께 사용하는 것이 보편화되면서 일반 가정에서도 다양한 헤어스타일을 간편하게 구현할 수 있게 되었다.

## 2. 블로우 드라이

### 1) 블로우 드라이의 정의

블로우 드라이는 Blow의 '바람에 날리다, 바람이 분다.'라는 뜻과 Dry의 '건조한'이라는 뜻의 합성어이다.

블로우 드라이는 드라이어의 열과 온풍, 열풍, 냉풍의 바람을 이용해 커트가 완성된 스타일을 빠른 시간 내에 고객의 이미지에 어울리게 형태의 디자인과 이미지를 연출하는 것을 뜻한다. 블로우 드라이의 목적은 커트와 펌 시술 후 부족한 부분을 보완하고 이미지 메이킹하여 스타일 자체를 개성에 맞게 연출하는 것이다.

블로우 드라이는 커트 시술 후 연장되는 작업이며, 드라이 도구, 열에 대한 기본 지식, 테크닉을 숙지하고 숙련된 기술력을 발휘해 고객에게 어울리는 이미지를 연출하는 것이다. 한 번에 젖은 모발을 건조시키고 스타일링까지 할 수 있는 블로우 드라이는 스타일 연출 시간이 절약되어 아름다운 헤어스타일을 빠르게 연출해준다. 최소의 작업으로 최대의 효과를 주는 블로우 드라이 스타일은 부드럽고 자연스러운 헤어스타일을 구성해 주며 다른 도구와 병용 사용으로 인해 효과는 더욱 극대화된다.

**여기서 잠깐!**

**블로우 드라이의 효과**

- 모발 흐름을 정리함으로써 모발에 윤기를 부여한다.
- 모발 웨이브의 굵기와 크기를 조절할 수 있다.
- 모발을 펴거나 구부릴 수(웨이브, 컬) 있다.
- 원하는 볼륨을 얻을 수 있다.
- 모근의 방향을 원하는 대로 전환할 수 있다.
- 두상의 결점을 보완할 수 있다.

### 2) 블로우 드라이의 원리

퍼머나 염색은 화학적 반응의 원리로 이루어지지만 블로우 드라이나 헤어 세팅은 물리적 변화로 웨이브를 일시적으로 형성하여 헤어 스타일을 완성한다.
수분이 함유되어 있는 모발에 드라이기의 열을 이용하여 일시적으로 모발구조에 변화를 주는 원리이다.
수소결합은 모발에서 가장 쉽게 절단되는 결합조직으로 모발에 물이 닿으면 모발 내부의 측쇄결합 중 수소결합과 염결합이 일시적으로 끊어지고 건조시키면 다시 재결합된다. 이러한 원리를 기본으로 수소결합과 염결합이 일시적으로 끊어져 있는 모발을 브러쉬, 롤을 이용하여 스트레이트, 웨이브, 컬을 형성하게 된다.

#### (1) 블로우 드라이 시술 시 영향을 미치는 요인과 특징

① 수분(Humidity)

드라이는 수분이 적당히 있는 상태에서 시작하여 드라이가 끝난 후에는 모발 자체의 수분이 10~15%가 남아 있어야 한다. 수분이 없는 상태에서 드라이를 하면 건조 후 남아야 할 모발 자체의 수분(10~15%)이 건조되므로 모발 손상의 원인이 된다. 수분이 부족한 상태에서 드라이하면 모발 자체 수분이 건조되어 모발 손상의 원인이 된다.

② 텐션(Tension)

윤기 있고 모발의 형태를 오래동안 유지하는 스타일을 드라이 하기 위해서는 적당한 텐션이 필요한다. 텐션이란 모발에 당겨지는 힘을 말하며 젖은 모발은 마른 모발보다 신축성이 있어 더 잘 늘어나기 때문에 너무 심하게 당기면 모발 손상을 초래할 수 있다. 드라이 시 모발 전체에 고르게 당기는 힘이 전달될 수 있도록 롤 브러시를 회전하며 드라이 한다. 롤 회전 시 롤에 모발이 끼어 잘 빠지지 않을 경우 롤 브러시를 반대 방향으로 반 바퀴 풀어 뺀 후 다시 브러시를 회전하며 드라이 한다.

③ 온도(Temperature)

블로우 드라이 시술 시 드라이어의 열이 높을 경우 모발의 수분이 과다하게 소비되어 모발이 거칠어지고 윤기를 잃게 된다. 따라서 드라이 시 적정 온도는 90도 전후이며 드라이 열로 모발의 형태를 바꾼 뒤 냉풍으로 식혀주면 빠르고 탄력있게 모발의 형태가 바뀐다.

④ 속도(Speed)

모발의 흐름을 정리하기 위해 사용하는 브러시는 빠르고 신속하게 진행하는 반면, 모발의 윤기를 내기 위해 시술하는 브러시 회전은 천천히 느리게 시술한다.

⑤ 각도(Angle)

커트, 펌, 드라이에 있어서 각도의 개념은 매우 중요하다. 고객의 두상은 둥근 원의 형태를 띠므로 두상의 위치, 패널의 각도에 따라 형태가 달라지게 된다. 그러므로 각도의 개념을 잘 이해해야 한다.

| 패널의 각도 | 용도 |
|---|---|
| 120~135° | 모근(뿌리)에 최대 볼륨을 주며 펴줄 때(위치적으로는 Top 부분에 많이 사용) |
| 90° | 보통의 볼륨을 주며 펴줄 때 |
| 45° | 볼륨 없이 펴줄 때 (모발의 흐름을 정리하고자 할 때 사용) |

[표 3-1] 패널의 각도와 용도

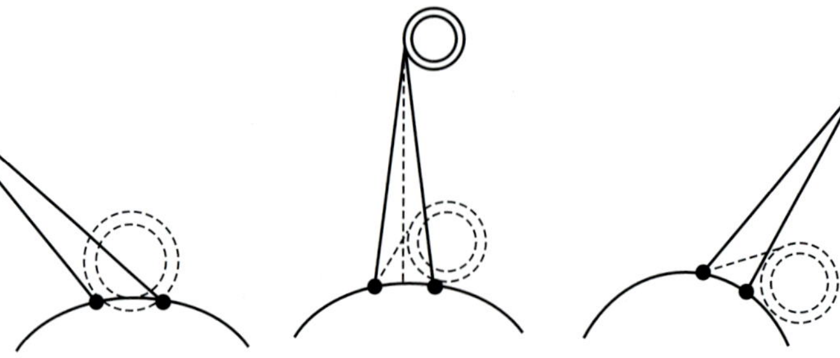

〈스템의 방향 : 논 스템, 하프 스템, 롱 스템〉

[그림 3-1] 패널의 각도에 따른 볼륨

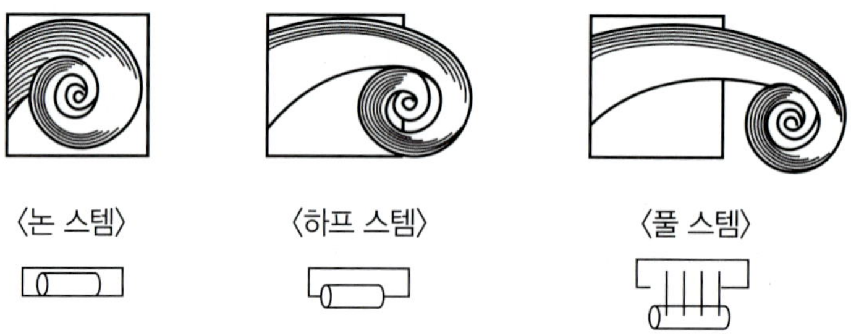

〈논 스템〉 〈하프 스템〉 〈풀 스템〉

[그림 3-2] 두상의 위치에 따라 달라지는 각도

## 3) 블로우 드라이 도구 및 사용법

### (1) 드라이 도구

#### ① 블로우 드라이어(Blow Dryer)

대용량의 전기(1Kw(1,000w))를 이용하는 블로우 드라이어는 핵심부분인 팬을 작동시키기 위한 모터, 니크롬선으로 이루어져 있다. 드라이어 안의 팬 회전에 의해 생긴 바람이 니크롬선에 의해 가열되고, 가열된 바람이 출구로 내보내지게 된다. 필요에 따라 적절히 변화 스위치를 조작하면 열풍, 온풍, 냉풍으로 조절해가며 사용할 수 있는 기구이다.

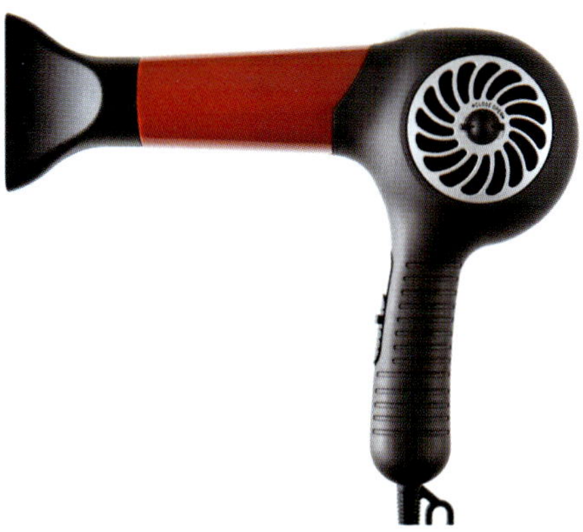

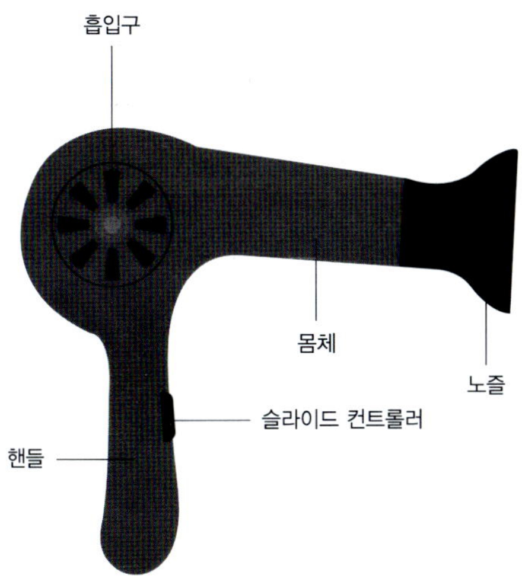


[그림 3-3] 드라이어의 구조

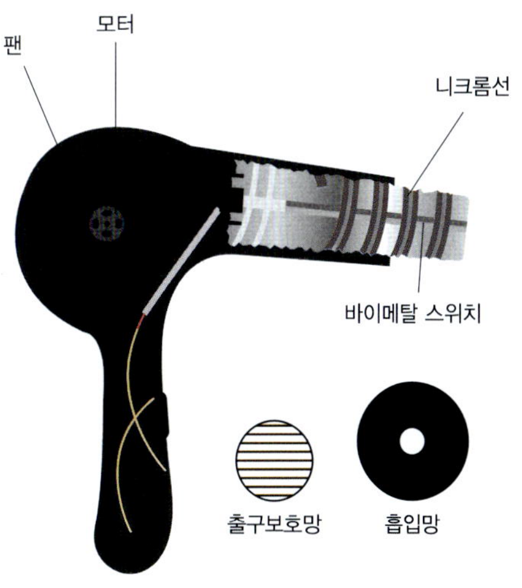


[그림 3-4] 드라이어의 내부구조

블로우 드라이어의 외관 구조는 바람이 나오는 노즐과 공기를 흡입하는 흡입구, 바람의 통로인 몸체, 손잡이 부분인 핸들, 스위치로 구성되어 있다. 스위치는 3단으로 냉풍, 온풍, 열풍으로 조작되고 스위치를 조작하면 팬이 회전하면서 바람을 일으키고 니크롬선에 열이 가해지면서 온풍이 발생한다. 바이메탈 스위치는 과열방지 스위치고 일정한 온도가 되면 전원이 차단되어 온도를 유지한다.

② 디퓨저(Diffuser)

드라이어 본체에 있는 노즐 부분에 끼워 사용하는 원통형 노즐을 디퓨저라 한다. 일반 블로우 드라이어에서 나오는 센 바람이 아닌 자연스럽고 부드러운 바람으로 스타일을 잡아주는 블로우 드라이의 부속품으로서 사용되기도 한다. 시술 시 모발이 날리지 않고 웨이브 모발의 컬을 유지시키면서 자연스럽게 건조시키기 위하여 사용한다.

③ 롤 브러시(Roll Brush)

머릿결의 방향성을 표현하고자 할 때 주로 롤 브러시를 사용한다. 곱슬머리를 펴거나 푸석한 모발에 윤기를 내고 싶을 때 사용하며, 원하는 스타일을 정확하고 빠르게 완성할 수 있다.
브러시의 소재에 따라 스타일의 양감과 질감은 달라진다. 돈모, 나일론(플라스틱)모, 돈모+나일론 모, 금속성으로 만든 브러시 등으로 분류할 수 있다.

㉠ 돈모

돈모 브러시는 빗살이 세밀하게 밀집되어 모발을 치밀하게 펴주므로, 매끈하고 윤기나게 스타일링 할 수 있다. 거친 질감의 모발이라도 잘 엉키지 않아 길이가 긴 모발을 컬링 할 때 용이하며, 빗살의 간격이 촘촘하기 때문에 컬이 강하고 선명하게 이루어지므로 윤기를 많이 내는 정교한 스타일에 알맞다. 플라스틱이나 나일론 소재가 아니기 때문에 정정기가 잘 생기지 않는다. 하지만 시술 시간이 더디고 특히 컬을 만들 때는 와인딩하기 힘들다는 단점이 있다.

ⓛ 나일론 모

빗살의 간격이 넓어 섹션의 폭을 많이 잡을 수 있어 빠른 시간에 시술을 마칠 수 있다. 짧은 시간 내에 적은 텐션을 주는 테크닉(스트레이트 펌 시술 후 스트레이트의 효과를 지속)에 알맞다. 빗살의 간격이 커 모발이 잘 엉킬 수 있으므로 웨이브 모발에는 적합하지 않다. 플라스틱의 정교하지 못한 빗살에 의해 모발이 잘 엉키며 모발에 손상을 초래하기 때문에 숙련된 테크닉이 필요하다.

ⓒ 돈모 + 나일론모(가시 돈모)

빗살 재질은 돈모의 비율이 훨씬 많아 돈모 쪽의 성격이 더 강하다. 돈모와 나일론모 두 가지 재질의 장점을 함께 사용하는 것으로 컬을 낼 때 와인딩하기 용이하며, 웨이브 컬을 만들 때 사용한다. 시술시간을 단축시켜 주고 정전기 발생도 억제하며 좀 더 섬세한 윤기를 부여한다.

㉣ 금속성 모

몸체와 빗살이 모두 금속성으로 되어 있다. 드라이 열이 오래 유지되어 시술 시간을 단축시킬 수 있으며 컬이 잘 형성된다. 하지만 열 조절을 잘못하여 열을 과도하게 지속적으로 주게 되면 금속 부분이 지나치게 달구어져서 모발을상하게 하거나 건조시켜 변성되기 쉽다.

| 구분 | 길이에 따른 분류 | 용도에 따른 분류 |
|---|---|---|
| Big roll brush | 긴 모발에 사용 | 스트레이트로 모발을 펼 때 |
| Medium roll brush | 중간 길이의 모발에 사용 | 모근에 볼륨을 주고자 할 때,<br>웨이브를 낼 때 |
| Small roll brush | 짧은 모발에 사용 | 웨이브를 낼 때 |

[표 3-2] 롤 브러시 크기에 따른 사용 분류

④ 덴멘 브러시(Denman Brush)

영국의 덴멘사가 제조한 브러시를 말하며 아치 모양으로 빗대에 빗살이 균일하게 이루어져 있다. 모발에 텐션과 모근을 살려주는 볼륨감을 주는데 사용하며 열에 강하다. 모발 끝에 부드러운 컬을 만들 수 있으며, 외국의 헤어 디자이너들이 가장 많이 사용하는 브러시로서 모발에 윤기와 부드러움을 준다.

⑤ S자 브러시(Sigmoid Brush)

모발 쉐이핑, 쇼트(Short) 레이어 스타일에 사용하는 브러시로서 모근을 자연스럽게 세워준다. 브러시가 가는 대로 머리결의 방향성을 내는 데 사용한다.

⑥ 클립(Clip)

모발을 쉐이핑한 후 모발을 고정하기 위해 사용하는 것으로, 섹션을 나눈 후 머리를 고정시켜, 시술하는 데 방해가 되지 않도록 한다.

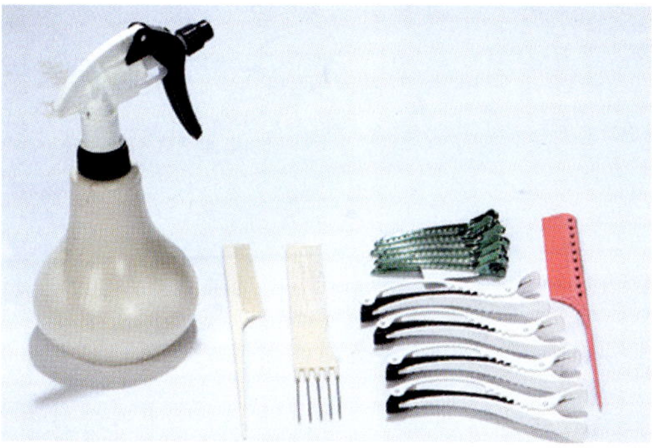

⑦ 분무기(Water Spray)

블로우 드라이 시 꼭 필요한 도구 중 하나로 건조되어 있는 모발에 적당한 수분을 공급하는 데 사용한다. 수분이 부족한 상태에서 뜨거운 열풍을 가하면 모발이 지나치게 건조되어 손상을 받게되므로 수분 공급에 주의를 기울여야 한다.

### (2) 롤 브러시 사용방법

브러시를 잡을 때에는 손가락에 균일한 힘을 주어 중심을 잡고 일정하게 브러시를 회전시킨다.

**손목으로 돌리는 방법**

**손가락으로 돌리는 방법**

① S 컬

가로 섹션이나 세로 섹션을 사용하여 모발을 평행하게 나눈다.
평행하지 못하면 브러시를 풀려고 할 때 모발이 엉켜 웨이브가 망가지게 된다.
와인딩할 때는 적절한 텐션을 주고 S 컬의 경우에는 와인딩 방향성에 주의를 기울여야 얼굴 쪽으로 릿지의 방향을 설정할 수 있다.

② 턴 테크닉

인 커브나 아웃 커브 시 오른쪽, 왼쪽으로 방향을 틀어주는 기법이다.
얼굴라인 쪽으로 자연스러운 흐름을 연출할 때나 모발을 끝부분을 살짝 틀어주는 정도에서 하프 라운드 브러시나 라운드 브러시를 이용하여 텍스춰의 흐름을 자연스럽게 할 수 있다.

③ 모근 살리기

어떤 스타일도 자유롭게 완성할 수 있는 드라이 시술 시 가장 중요한 부분이 모근 살리기라고 할 수 있다.
적당한 섹션을 나눠 90도로 들어준 후 슬라이스와 평행이 되게 롤을 바짝 넣어주고 드라이어의 바람을 모근에 들어가지 않게 롤의 반쪽에 살짝 닿게 한 후 롤을 120도로 밀어서 볼륨감이 생기도록 한다. 이때 뿌리 부분에서 바로 꺾어지면 모근을 부분만 살고 더 밀어주면 밀어 준 만큼 더 많은 볼륨이 형성된다.

**Point**

두상 전체에 자연스러운 볼륨을 살리되 B.P 밑으로는 롤을 1/4 바퀴 돌리면서 바로 내려와 자연스런 볼륨을 만든다. B.P 위로는 부위별로 각도를 조절, 롤을 1/4 바퀴 회전하여 원하는 볼륨을 형성한다.

#### 4) 블로우 드라이 시 유의사항

① 모발의 조건을 체크한 후 고객과의 충분한 상담 후에 목적에 맞는 스타일을 결정한다.

② 모발의 수분을 잘 조절한다. 모발에 수분이 많이 남아 있으면 남아있는 수분이 열에 전달되어 모발의 손상을 초래할 수 있다. 또한 지나치게 적은 수분은 모발의 건조함과 시술 후에도 푸석거리는 질감을 느끼게 한다. 수분 정도는 모발을 만졌을때 눅눅한 느낌이면 좋다.

③ 시술 시 자세를 바르게 한다. 즉 섹션과 브러시, 어깨선이 수평을 이루도록 자세를 취해주며 상·하 시술 시 팔과 허리만 이용하지 말고 다리를 구부렸다 폈다 하면서 눈높이 위치를 조절한다.

④ 모발과 드라이의 간격 0.5~1cm 정도가 적당하다.

⑤ 일반적인 드라이의 경우 섹션의 폭은 2~3cm 정도로, 가로의 폭은 롤 브러시 길이의 ⅔ 정도까지 위치하도록 한다.

⑥ 패널은 정확한 섹션으로 근처모발이 당겨지지 않도록 주의한다

⑦ 모질에 맞추어 열 조절을 해야 한다.

⑧ 모발 끝 부분은 브러시의 회전과 텐션을 조절해야 한다.

⑨ 모발이 브러시의 빗살 사이에 곱게 빗겨 들어가 시술되어야 한다.

⑩ 드라이어의 노즐이 모발과 너무 가까이 밀착되지 않도록 주의한다. 강하게 눌러주면 모발의 큐티클이 손상될 수 있다.

⑪ 어떤 웨이브나 스트레이트를 하더라도 브러시를 돌리면서 시술하지 않는다. 모발을 브러시에 감아서 시술할 수는 있지만 제자리에서 돌려주는 실수를 하면 텐션의 감소와 열의 부족으로 모발이 매끄럽지 못하게 된다.

⑫ 모발 끝부분은 텐션이 잘 주어지지 않으므로 브러시를 회전하여 조절시킨다. 굵기가 다른 브러시를 여러 개 준비하여 모발의 길이나 볼륨의 유무에 따라 선택하여 사용하며, 브러시로 모발을 와인딩 할 때는 억지로 잡아당기지 말고 자연스럽게 감았다 풀었다 할 수 있는 연습이 필요하다.

⑬ 스타일링 할 때 무스, 스프레이, 왁스, 젤 등 적절한 제품을 활용, 표현되는 느낌을 이해하면서 사용하도록 한다.

⑭ 블로우 드라이어의 바람 출구 부분인 노즐은 고객의 두피, 얼굴, 목으로 향하지 않게 한다.

⑮ 블로우 드라이 시술 시 드라이어의 전기선은 고객의 어깨, 얼굴 등에 닿지 않도록 한다.

⑯ 블로우 드라이어에 의한 열을 두피(Scalp)에 바짝 대지 않도록 한다.

⑰ 머리카락이 팬(바람 출구)에 빨려 들어가지 않도록 주의한다. 필터에 먼지가 끼지 않도록 보관에 주의하며, 정기적으로 먼지나 이물질을 제거해야 한다.

### Tip

◈ Dry 시 : 손목과 손가락 회전을 이용

1. 90% 정도 말려서 드라이
2. 패널을 모아야 텐션이 생김 – 패널이 벌어지면 텐션이 생기지 않아 탄력이 없음
3. Dry 순서 : 층이 많은 스타일은 앞에서부터 시작, 층이 적은 스타일은 뒤에서부터 시작함.
4. 롤은 사선으로 들어가고 사선으로 계속 돌리면서 뺄 것(일정한 속도, 텐션, 회전력, 방향 유지)
5. 완성 후 손으로 만져서 형태를 완성시킬 것.

※ 일정한 속도, 텐션, 회전력, 방향 유지

※ 균형있는 볼륨과 각도를 위해서는 돌아가는 회전이 일정해야 함

※ 빠른 속도로 할 때는 한 번 더 가겠다, 천천히 갈 때는 한 번에 가겠다는 뜻

**◈ 좋은 습관이 좋은 결과를 만든다. 좋은 습관을 만들기 위해 연습하기**

1. 패널을 들 것
2. 롤을 섹션보다 오버해서 놓을 것
3. 드라이를 위치에서 30도 기울여 둔다.
4. 처음 롤을 위치시킬 때 손등이 아닌 손바닥이 나를 향하게 위치시킨다.
5. 드라이 롤이 회전하면서 하트모양을 그리며 회전한다. (손목 회전, 손가락 회전)
6. 손목과 손가락 회전을 이용한다.

**◈ 섹션**

• 가로섹션 → 후두부부터 진행

모던, 무거운 머리, 강한 웨이브 時(가로로 패널을 들수록 강한 웨이브)

• 사선섹션(버티컬 C 컬) → Side부터 진행

흐르는 웨이브, 굵은 웨이브(세로, 사선으로 패널을 들수록 약한 웨이브) → 샤기, 가벼운 스타일

## 5) 블로우 드라이 시술 시 사용되는 제품

### (1) 투페이스(Two Phase)

모발의 수분과 단백질을 동시에 공급하여 손상된 모발에 윤기와 광택을 주고 엉킨 모발을 풀어주는 역할을 한다. 실크, 케라틴, 프로테인 등의 성분으로 구성되어 있어 모발 큐티클 층을 채워주는 미스트 형태의 트리트먼트이다.

### (2) 헤어무스(Hair Mousse)

무스는 프랑스어로 '거품이 나는 크림'을 의미하여 에어졸에 액화가스와 원액이 혼합되어 분사 시 원액이 나오면서 액화가스가 기화함으로써 원액을 팽창시켜 포말상이 된다. 헤어무스의 종류로는 세팅력을 위주로 한 타입, 트리트먼트 위주의 타입. 최근 헤어무스를 사용하는 경우는, 촉촉함이나 광택보다는 모발 탄력이나 모근부 볼륨 부여 시 사용하는 제품으로 분류된다.

### (3) 에센스(Essence)

잦은 화학적 시술이나 샴푸, 드라이어로 인해 손상된 모발에 영양을 공급해 탄력있고 윤기 있는 머릿결로 만들어 주는 제품이다. 젖은모발 또는 마른모발에 소량을 덜어 도포해준다. 주성분은 고분자 실리콘 마이크로 모발 표면을 코팅해주는 효과가 있어 부드럽고 윤기있는 모발을 연출한다.

### (4) 컬링 에센스(Curling Essence)

에센스와 동일하나 컬을 유지시켜 주는 기능이 첨가된 제품이다. 펌과 같이 모발에 컬이 있는 경우 약간의 고정력을 주어 모발의 컬을 고정시켜주고 탄력있는 웨이브 스타일 연출을 가능하게 한다. 스타일링을 보다 수월하게 연출해 준다.

(5) 헤어왁스(Hair Wax)

헤어왁스는 모발에 수분과 유분을 동시에 부여하며 도포 시 윤기와 광택을 준다. 종류로는 유중수적형, 수중유적형이 있으며 구성 성분으로는 밀납, 유동 파라핀, 스테아린산, 라놀린 등이 있다.

(6) 헤어 스프레이(Hair Spray)

헤어 스프레이는 형태에 따라 에어졸과 분사형으로 나누며 완성된 스타일에 분사하여 그대로 고정시키는 것을 목적으로 사용된다. 스페아린산 성분으로는 예전에는 가스로 클로로플루오로카본을 사용했지만 오존층 파괴의 원인이라는 사회적 우려로 1990년대에 사용이 금지되었다. 현대의 헤어 스프레이는 부탄이나 프로판 같은 탄화수소를 사용하여 습도에도 쉽게 풀리지 않도록 한다.

(7) 포마드(Pomade)

주 성분이 유분으로 구성된 스타일링 제품을 말한다. 점착성을 가진 피마자씨유 등과 같은 고형 유분이 주로 사용되는데 제품에 물이 첨가되어 있지 않아 과도하게 도포하면 끈적거린다.

## 3. 아이론

### 1) 아이론의 정의

헤어아이론은 웨이브를 만들기 위한 모발용 인두로 아이론의 열에 의해 모발의 구조에 일시적인 변화를 주어서 웨이브(Wave), 컬(Curl), 롤(Roll) 등을 만든다. 현재 가장 많이 사용되고 있는 것은 전열식 아이론으로, 자동온도 조절장치가 내장 된 것이 많다. 아이론의 각부 명칭은 프롱(Prong)과 그루브(Groove)가 마주하고 손잡이가 달려있다. 프롱은 완전히 둥글게 된 강철로 모발을 와인딩하는 부분이고, 그루브는 프롱이 들어가 닫힐 수 있도록 홈을 가지고 있는 둥근모양으로 모발을 사이에 끼워 고정시키는 역할을 한다.

### 2) 아이론 도구 및 사용법

#### (1) 아이론 종류에 따른 분류

① 마셀 아이론(헤어 인두)

전기 아이론이 발명되기 전인 1875년 마셀 그라또우가 창안한 열 아이론으로, 헤어 인두라고도 하며 불 위에 달구어 사용하였다. 그의 이름을 따라 열 웨이브는 지금까지도 마셀웨이브로 불린다. 이후 작은 소형의 아이론이 보급되었고 같은 20세기 초에 유행한 '카이젤 수염'을 갖추기 위해서 많이 사용되었다.

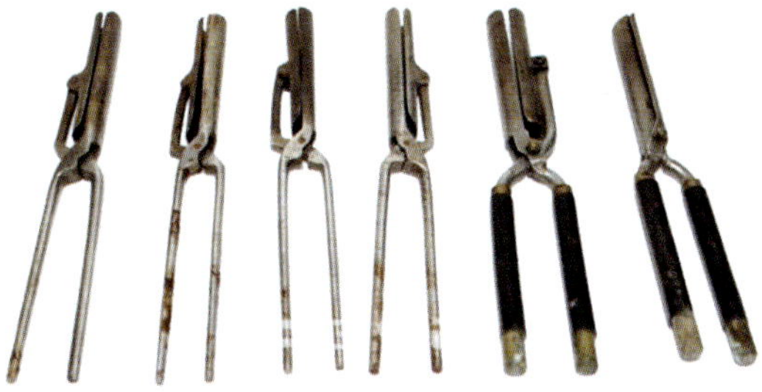

② 전기 아이론

1925년에 자동으로 온도를 조절할 수 있는 아이론이 개발되었다. 모발의 손상도와 굵기에 따라 온도를 조절하여 사용할 수 있다. 이동이 간편하고 사용법이 편리해 누구나 손쉽게 사용할 수 있다.

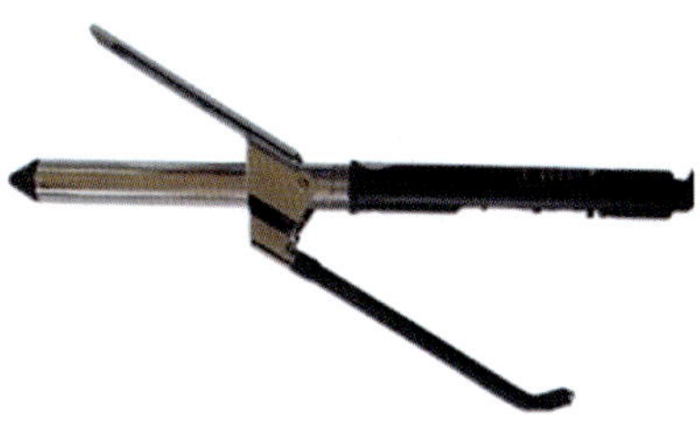

③ 충전식 아이론

전기 충전식과 가스 충전식으로 나누어져 있으며 적정시간 충전하여 선 없이도 편리하게 사용할 수 있다.

### (2) 아이론 모양에 따른 분류

① 플랫 아이론

아이론의 열판이 납작한 형태로 모발의 스트레이트 시술 시 주로 사용되며 그 외에 C 컬과 S 컬도 표현할 수 있다.

② 원형 아이론

열판의 모양이 원형으로 반듯이 펴는 작업보다는 웨이브 연출에 효율적인 기기이고 C 컬, J 컬, S 컬의 연출이 가능하다. 다양한 직경으로 나뉘어있어 웨이브의 굵기에 따라 아이론을 선택하여 사용한다.

③ 반원형(반달) 아이론

매직기의 열판이 반달 모양으로 휘어져 있는 기기로 모근 부위에 볼륨을 주거나, C 컬을 표현할 때 용이하다.

④ 다이렉트 아이론

크림핑 아이론이라고도 하며 지그재그 모양을 만들 때 사용한다. 뿌리 볼륨 연출을 위해 가르마 부위와 햄 라인을 제외한 두피에 가까운 모발에 사용하며 개성있는 스타일을 연출하기 위해 사용하기도 한다.

### (3) 아이론 사용방법

아이론 시술자의 가슴 정도 높이에서 고객과의 거리는 20~30cm로 유지하며 수평이 되게 자세를 취하고 와인딩 방법에 따라 아이론의 각도를 조절하여 시술하도록 한다.

① 아이론 쥐는 방법

아이론 형태에 따라 쥐는 방법이 달라질 수 있다.

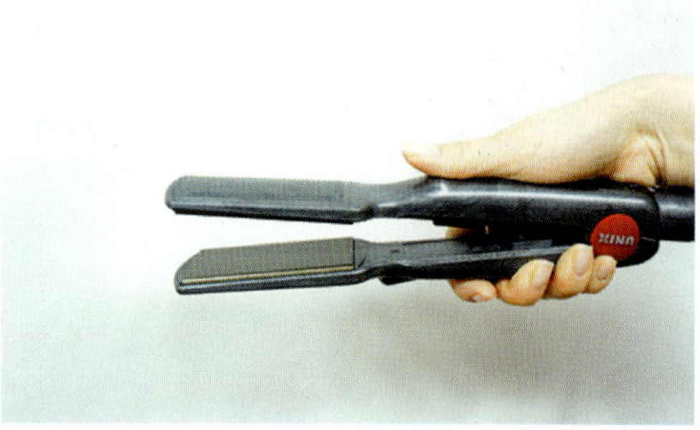

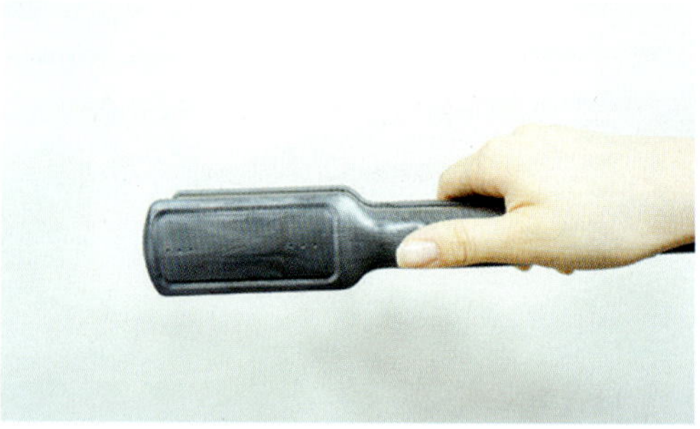

㉠ 그루브와 연결되어 있는 부분이 스위치 형태로 되어있는 아이론은 엄지를 뺀 나머지 손가락으로 손잡이 부분을 잡고 엄지로 스위치를 눌러 프롱과 그루브 사이를 벌리고 스위치를 놓으면 닫힌다.

㉡ 아이론이 X자 형태로 손잡이와 연결되어 있는 아이론은 프롱에 연결된 손잡이를 엄지와 검지 손가락으로 잡고 그루브와 연결된 손잡이를 중지와 약지, 새끼손가락을 교차하여 잡고 열고 닫음을 반복적으로 연습한다.

② 아이론 회전방법

㉠ 바깥말이 회전법(리버스)

얼굴 반대방향으로 아이론에 모발을 회전하여 컬이 시계 방향으로 돌아가도록 한다.

㉡ 안쪽말이 회전법(포워드)

얼굴 방향으로 아이론에 모발을 회전하여 컬이 반시계 방향으로 돌아가도록 한다.

### 3) 아이론 시술 시 유의사항

① 모발의 표면을 손상시키는 원인이 되는 흠집이나 고장이 없는 것
② 프롱, 그루브, 핸들 등의 길이가 대체로 균등할 것
③ 접촉 부분이 부드럽고 프롱과 그루브가 뒤틀림이 없을 것
④ 양 핸들이 흔들리지 않고 길이가 대체적으로 균등한 것
⑤ 열 전도율이 좋으며 발열 상태가 일정한 것
⑥ 접합 부분이 잘 조여져 있을 것
⑦ 스텐이나 세라믹 등으로 된 재질을 선택 할 것
⑧ 고장의 원인이 되므로 떨어뜨리거나 강한 충격을 주지 말 것
⑨ 전기 코드를 무리한 힘으로 잡아당겨 아이론을 말아서 보관하지 말 것
⑩ 전원 플러그가 꽂아진 상태에서는 젖은 손으로 만지지 말 것
⑪ 고장 시 제품을 임의 분해하지 말고 서비스 센터에 맡길 것
⑫ 전기가 통하는 상태로 계속 방치하지 말 것
⑬ 같은 콘센트에 다른 전열기구와 동시에 사용하지 말 것
⑭ 전기를 사용하는 기기이므로 감전에 주의한다.
⑮ 두상에서의 위치에 따른 모발의 직경과 손상도 등을 고려하여 아이론의 온도와 텐션, 속도를 적절하게 사용하여야 한다.
⑯ 아이론 드라이는 블로우 드라이에 비해 상대적으로 온도가 높으므로 화상의 위험이 더 크다고 볼 수 있다. 그러므로 시술자 및 고객의 피부에 닿지 않도록 주의한다.
⑰ 아이론 기기의 전선이 고객의 얼굴 및 어깨에 닿을 시 불쾌감을 느낄 수 있으므로 주의한다.
⑱ 고온의 열판이 모발에 직접 닿으므로 지나치게 좋은 고온은 모발의 최외층인 큐티클의 손상을 가져올 수 있다.
⑲ 아이론 기기의 강한 압력은 원형에 가까운 모발을 타원형으로 변형시킬 수 있으므로 적절한 압력을 사용하도록 한다.
⑳ 한 패널에 반복된 시술이 많이 이루어지거나 느린 시술은 모발에 가해지는 열량이 많아져 건조함과 손상을 가져올 수 있다.

# 제4장 두상 부위와 역할

## 1. 두상의 부위 및 명칭

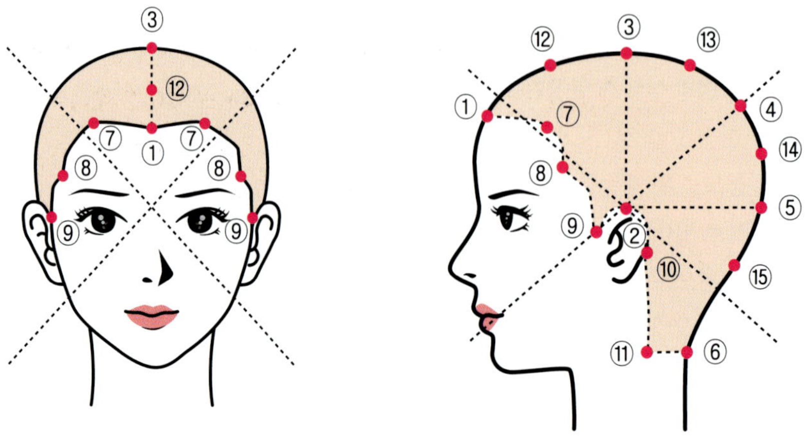

| 번호 | 포인트 위치 | 설명 |
|---|---|---|
| ① | C.P | Center Point (센터 포인트) |
| ② | E.P | Ear Point (이어 포인트 – 좌우) |
| ③ | T.P | Top Point (탑 포인트) |
| ④ | G.P | Golden Point (골든 포인트) |
| ⑤ | B.P | Back Point (백 포인트) |
| ⑥ | N.P | Nape Point(네이프 포인트) |
| ⑦ | F.S.P | Front Side Point (프런트 사이드 포인트 – 좌우) |
| ⑧ | S.P | Side Point (사이드 포인트 – 좌우) |
| ⑨ | S.C.P | Side Corner Point (사이드 코너 포인트 – 좌우) |
| ⑩ | E.B.P | Ear Back Point (이어 백 포인트 – 좌우) |
| ⑪ | N.S.P | Nape Side Point (네이프 사이드 포인트 – 좌우) |
| ⑫ | C.T.M.P | Center Top Medium Point (센터 탑 미디움 포인트) |
| ⑬ | T.G.M.P | Top Golden Medium Point (탑 골든 미디움 포인트) |
| ⑭ | G.B.M.P | Golden Back Medium Point (골든 백 미디움 포인트) |
| ⑮ | B.N.M.P | Back Nape Medium Point (백 네이프 미디움 포인트) |

## 2. 두상 부위별 역할

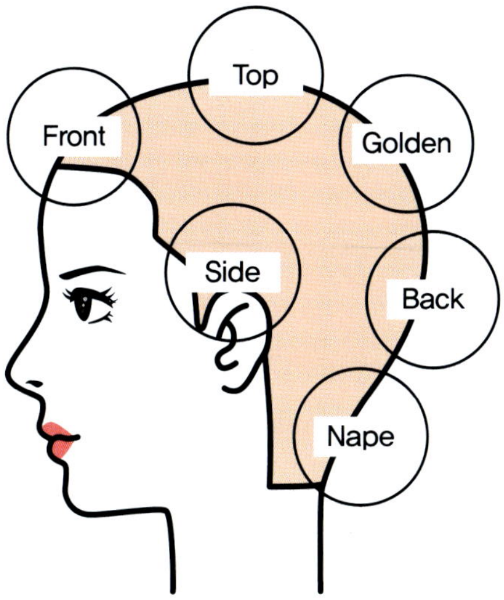


| 부위 | 두상 부위별 역할 |
|---|---|
| Front | 인상, 이미지 컨트롤 |
| Top | 볼륨감 컨트롤 |
| Golden | 입체감, 실루엣 컨트롤 |
| Back | 이미지, 흐름 컨트롤 |
| Nape | 길이, 무게감, 흐름 컨트롤 |
| Side | 입체감, 실루엣 컨트롤 |

# 제5장 블로우 드라이 및 아이론 실제

## 1. 헤어 웨이브(Hair Wave)

헤어 세팅에서는 파상형으로 되어 있는 두발을 웨이브라고 한다.

### 1) 웨이브의 명칭

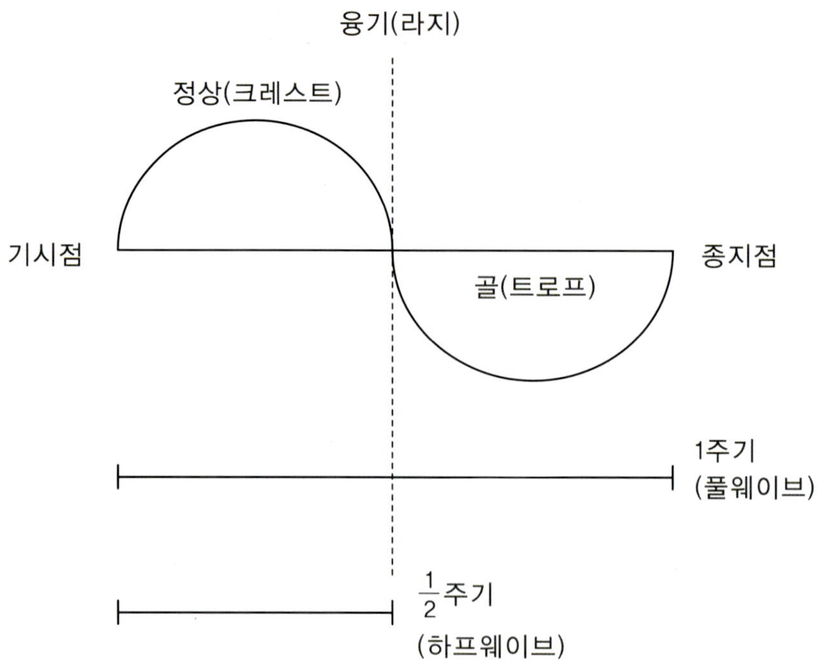

### 2) 웨이브의 릿지에 따른 분류

① 수평 웨이브(Horizontal Wave)
② 대각 웨이브(Diagonal Wave)
③ 수직 웨이브(Vertical Wave)

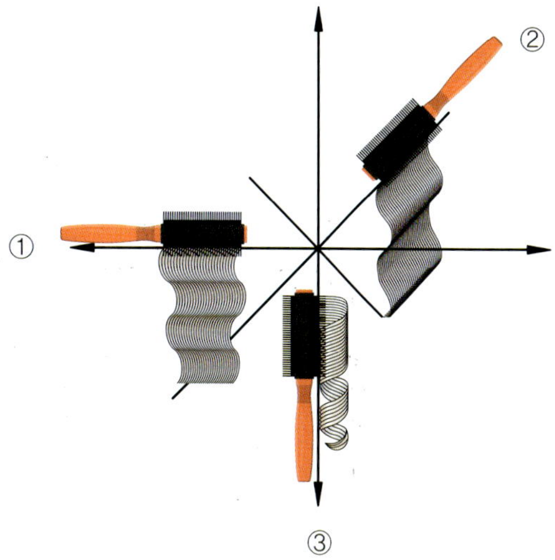


### 3) 웨이브의 형상에 따른 분류

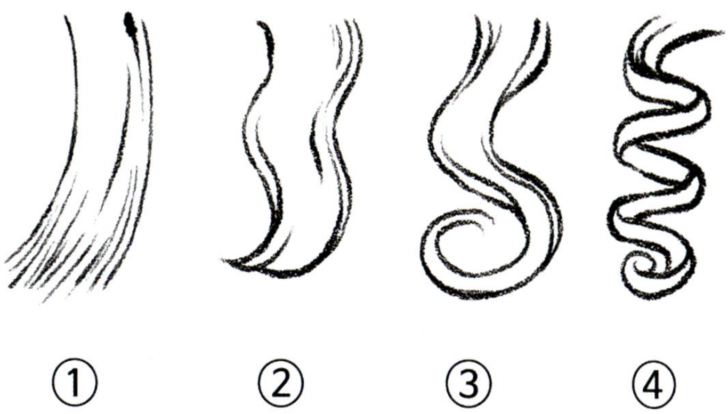


① 섀도우 웨이브(Shadow Wave) : 고저가 뚜렷하지 않은 느슨한 웨이브
② 와이드 웨이브(Wide Wave) : 고저가 뚜렷하여 섀도우 웨이브와 내로우 웨이브의 중간 웨이브
③ 프리즈 웨이브(Frizz Wave) : 모근 부분은 느슨하고 머리끝만 강하게 웨이브 진 것
④ 내로우 웨이브(Narrow Wave) : 웨이브 폭이 좁고 작은 것

### 4) 헤어롤링(Hair Rolling)

자연스럽게 부드러운 웨이브를 형성하여 볼륨을 준다.

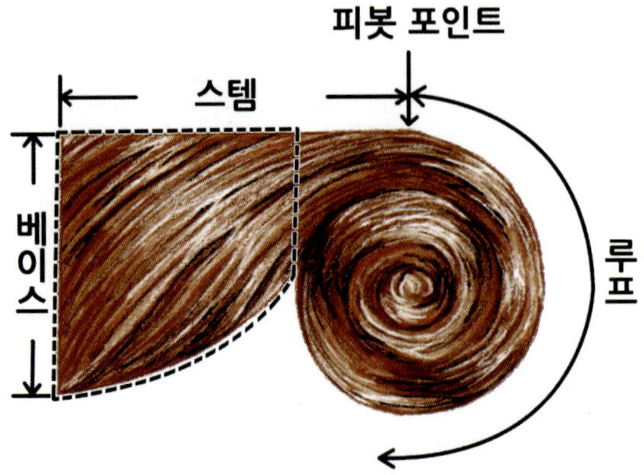


#### (1) 논 스템 롤러 컬(Non Stem Roller Curl)

두발을 전방 45°(후방 135° )로 세이프하여 롤러는 와인딩 시 베이스의 중앙에 위치한다. 크라운에 많이 사용되고 스템이 롤러에 거의 말리기 때문에 논스템이며, 볼륨감이 강하다.

#### (2) 하프 스템 롤러 컬(Half Stem Roller Curl)

스트랜드를 베이스에 대해 약 90° 각도 수직으로 잡아 올려 세이프하면 베이스 선 중앙에 위치한다. 중간 정도의 볼륨이 생기게 된다.

#### (3) 롱 스템 롤러 컬(Long Stem Roller Curl)

스트랜드를 후방 45° 각도로 세이프하면, 베이스 바깥쪽에 롤이 위치하게 된다. 스템이 베이스로부터 길기 때문에 롱 스템 롤러 컬이며 모근 부위에 볼륨이 최소화 되고 모발 끝쪽에 웨이브를 형성한다.

### 5) 웨이브 형성 이론

#### (1) C 컬 이론

자연스러운 둥근 모양을 만드는 C 컬은 롤의 한 바퀴 반을 회전한다.
롤의 선정기준 = 모발 길이 ÷ 4.5 = 롤의 굵기
4.5란 원주율을 '3'으로 설정하고 C 컬에 적합한 롤의 회전수 1.5를 곱한 숫자이다. 예를 들면 모발의 길이가 15cm ÷ 4.5 = 롤의 지름이 3.3cm인 것을 사용한다.

#### (2) S 컬 이론

S 컬을 얻을 수 있는 롤의 두 바퀴 반 이상을 회전한다. 롤의 선정기준 = 모발 길이 ÷ 7.5 = 롤의 굵기
이 7.5로 원주율로 3에 2.5회전을 곱한 수치이다.
예를 들면 모발의 길이가 15cm ÷ 7.5 = 롤의 지름이 2cm인 것을 사용한다.

### 6) 웨이브의 분류

#### (1) 크로키놀식 웨이브(Croquignole Wave)

모발 끝에서부터 모근 방향으로 와인딩하는 방법으로 와인딩 시 모근쪽으로 갈수록 굵기가 두꺼워서 웨이브의 굵기가 달라질 수 있다.

#### (2) 스파이럴식 웨이브(Spiral Wave)

'나선형, 소용돌이'라는 뜻으로 모근에서부터 모발 끝쪽으로 와인딩 된 기법이다. 웨이브의 간격을 일정하게 나타낼 수 있으며 펌의 종류로는 트위스트 와인딩, 모근 와이딩을 나타낼 수 있다.

#### (3) 압축식(Compression)

기구 사이에 모발을 끼워 넣고 압축 시킨다. 기구의 형태에 따라 압축된 모발의 모양을 만들어 낸다. 펌의 종류로는 다이렉트, 나이아가라 등이 있다.

크로키놀식

스파이럴식

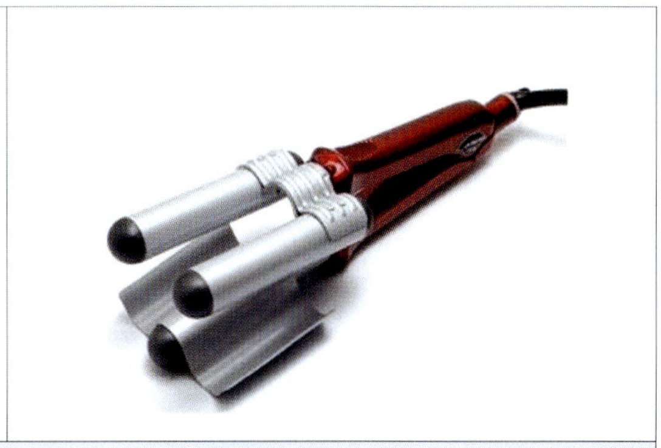

압축식

## 2. 블로우 드라이(Blow dry)의 기법

### 1) 인 컬

얼굴 안쪽으로 말리는 '안말음'이라고도 하며 모근 부위부터 직선형으로 천천히 열을 주며 내려오다 모발 끝에서 드라이 롤을 반 바퀴에서 한 바퀴 반으로 와인딩하여 C 컬의 강도를 조절한다.

### 2) 아웃 컬

얼굴 바깥쪽으로 말아 들어간 형태인 '바깥말음'이라 하며 드라이 롤을 바깥방향으로 반 바퀴에서 한 바퀴 반으로 와인딩하여 아웃 컬의 강도를 조절한다.

### 3) 볼륨 C 컬

짧은 모발에서 볼륨을 주고자 할 때 사용하는 기법으로 모발을 볼륨을 살리고 싶은 정도에 따라 각도를 조절하여 와인딩하고 열을 준다. 충분히 열을 식힌 뒤 롤을 빼면 볼륨감 있는 C 컬을 연출할 수 있다.

## 3. 아이론의 기법

아이론을 이용해 사용하는 방법에 따라 다양한 스타일을 연출할 수 있다.

### 1) 뿌리 볼륨

볼륨을 주고자 하는 패널을 두상에서 120도 정도의 각도로 들어준 뒤 아이론 기기의 열판을 패널의 두피에 근접한 부분에 대고 뜸을 주어 볼륨을 주는 기법이다. 기기에 따라 테크닉의 차이가 조금씩 있다.

### 2) 스트레이트

플랫 아이론을 이용해 모발을 직모로 펴줄 때 사용하는 기법이다.

### 3) 컬

아이론으로 모발 끝을 회전하여 모발의 형태를 변화하는 기법.

#### (1) 인 컬(안말음)

아이론을 이용해 모발을 얼굴 안쪽으로 C 컬 형태를 만드는 기법이다.

#### (2) 아웃 컬(바깥말음)

아이론을 이용해 모발을 얼굴 바깥쪽으로 C 컬 형태를 만드는 기법이다.

#### (3) J 컬

아이론을 이용해 모근쪽부터 스트레이트 형태로 내려오다가 모발 끝부분에서 강한 C 컬 형태로 만드는 기법이다.

#### (4) S 컬

다양한 아이론을 이용해 모발에 웨이브를 만드는 형태로 수평, 사선, 수직 형태의 와인딩 기법을 사용하여 S의 형태를 만들 수 있다.

### 4) 핸드 드라이(파워 드라이)

샴푸 후 머리를 말리는 기법을 말하며 핸드 드라이에 따라 스타일의 완성도를 결정한다. 모발을 말리는 방향, 테크닉, 열의 세기에 따라 볼륨의 정도와 웨이브의 강도 등을 표현할 수 있다.

#### (1) 볼륨 연출 시

크라운 부분에서 주로 사용하는 기법으로 모발을 120도 이상으로 각도를 들어 모근 부위에 열을 가하여 볼륨을 형성한다. 이때 모근 부위에 과도한 열을 가하면 두피에 화상을 입힐 수 있으므로 가볍게 드라이를 흔들어 열을 주도록 한다.

#### (2) 흐름이나 방향 연출 시

프린지 부분에 앞머리 형태의 흐름을 연출하거나 사이드, 네이프 부분의 모발의 흐름을 표현할 때 사용하는 기법이다. 원하는 방향으로 손모양과 드라이를 한 방향으로 놓고 쓸어주며 드라이한다.

#### (3) 네츄럴함을 연출 시

자연스러운 스타일을 연출하기 위해 탑쪽에서 손을 모근쪽으로 넣어 방사선 방향으로 내려오며 모발을 흔들어 가볍에 드라이한다.

#### (4) 트위스트

퍼머넌트 시술 후 모발을 웨이브를 탄력있게 만들기 위한 기법으로 소량의 모발을 잡아 웨이브 와인딩 방향으로 손가락으로 모발을 회전하여 드라이한다.

#### (5) 스트레이트

모발을 직선으로 펴줄 때 사용하는 기법으로 모발 잡고 아래쪽으로 텐션을 주며 노즐의 방향이 아래쪽을 향하게 하여 드라이한다. 이 때 모발이 여러 방향으로 날리지 않도록 한 방향으로 드라이하며 내려오는 것이 중요하다.

## 4. 고객 분석

고객이 왔을 때 가장 먼저 고객의 조건을 파악해야 한다. 고객에게 어울리는 헤어스타일을 해주기 위해서는 반드시 필요한 절차이다.

### 1) 스타일링 시 확인해야 할 사항들

#### (1) 시술 전 확인사항

- 고객의 조건파악

① 모발 길이
② 얼굴형, 얼굴 크기
③ 각도(층)
④ 형태선 - 수평, 전대각, 후대각
⑤ 이미지
⑥ 신체조건 - 체형, 크기
⑦ 두상의 크기와 형태
⑧ 모량 확인
⑨ 모질 확인 - 손상도(건강모, 일반모, 손상모), 곱슬정도(직모, 곱슬, 반곱슬), 모발의 굵기
⑩ 모류 확인
⑪ 헤어스타일과 관련된 버릇

#### (2) 시술 중 확인

① 좌우 균형(밸런스)
② 단차의 형태
③ 단차의 흐름(수평, 전대각, 후대각)

#### (3) 시술 후 확인 – 이미지 및 질감 처리

① 이미지 확인
② 스타일링 제품

## 5. 블로우 드라이 & 아이론 스타일링 기법 구사 시의 준비동작

고객의 얼굴형, 커트 상태, 모질, 모량, 두상, 목의 굵기와 길이, 신장, 라이프 스타일 등을 고려한 후 가장 어울리는 자연스러운 스타일을 구사한다.

### (1) 케이프 착용

고객의 어깨에 케이프를 착용해 고객의 맨살에 뜨거운 드라이 바람이 직접적으로 닿지 않게 하고, 머리카락이나 기타 이물질이 옷에 떨어지는 것을 방지해 준다.

### (2) 모발에 물을 분사한다.

모발에 수분이 골고루 분사될 수 있도록 모선, 모간 위주로 물을 분무한다.(모근 부분이 눌렸거나 꺾어졌을 경우 모근 가까이에 분무하여 모류의 흐름을 잡아주어야 한다.)

### (3) 모발을 쉐이핑한다.

고객의 얼굴 형태에 따른 스타일을 구사하기 위해 모발의 흐름에 맞는 블로킹(Blocking)과 파팅(Parting)으로 나누면서 빗질한다.

### (4) 원하는 스타일에 따라 브러쉬 크기를 선정한다.

### (5) 적당한 텐션과 열을 주어 드라이한다.

### (6) 스타일링 제품을 사용하여 스타일을 고정한다.

## 6. 블로우 드라이 & 아이론 스타일링 시 시술 자세

① 양 다리는 어깨 넓이만큼 벌려 중심을 잡는다. 시술 위치와 각도에 따라 한 발을 앞쪽으로 내밀어 균형을 잡는다.
② 고객과의 거리는 25~30cm를 유지한다.
③ 양팔은 심장 높이만큼 들어 시술한다.
④ 블로우 드라이 시 노즐 부위와 손잡이 부분을 드라이 방법에 따라 적절하게 사용한다.

# MEMO

# 제2편 실습편

# BASIC STYLING PRO

## 1. 기초 드라이

기초 드라이
1. 스트레이트 / p.68

기초 드라이
2. 인 컬 / p.73

기초 드라이
3. 아웃 컬 / p.78

기초 드라이
4. S 컬 - 포워드 / p.83

기초 드라이
5. S 컬 – 리버스 / p.88

기초 드라이
6. 흐름 S 컬 / p.93

## 2. 기초 아이론

기초 아이론
1. 플랫 스트레이트 / p.100

기초 아이론
2. 플랫 인 컬 / p.105

기초 아이론
3. 플랫 아웃 컬 / p.110

기초 아이론
4. 원형 인 컬 / p.115

기초 아이론
5. 원형 S 컬 / p.120

## 기초드라이 Tip 핸드 드라이

### ① 백 포인트(Back Point) 윗 부분

백 포인트 윗 부분은 모발의 볼륨을 살려가면서 진행한다.

- 이때 드라이기의 끝이 손가락을 향하도록 하여야 한다.
- 손가락으로 뿌리를 비벼가며 볼륨을 살려준다.
- 모근, 볼륨, 모류 살리기가 중요하다.

### ② 백 포인트(Back Point) 아랫 부분

백 포인트 아랫 부분은 모발의 볼륨을 살리지 않고 드라이한다.

- 이때 드라이기의 끝이 손가락을 향하도록 하여야 한다.
- 손가락으로 모발을 아래로 빗어가며 볼륨을 죽여준다.

## 기초드라이 Tip 볼륨 살리기

### ① 백 포인트(Back Point)아랫 부분

|  |  |  |  |  |
|---|---|---|---|---|
| 모발의 판넬을 적당히 들어준다. | 모다발을 들어 롤이 판넬의 0.5cm 정도 보일 정도로 가져다 댄다. | 드라이기가 롤에 닿으면 롤을 회전하며 밀면서 바로 내려온다. | 모발을 롤에 감은 후 회전시켜야 잔머리가 감겨 모발에 윤기가 난다. | 드라이기로 롤을 눌러 주면서 천천히 일정한 텐션, 일정한 속도로 모발 끝까지 열을 가해준다. |

◈ 백 포인트 아랫 부분은 모발 뿌리 부분에서 롤을 회전하고 밀면서 바로 내려오는 것이 Key Point

### ② 백 포인트(Back Point) 윗 부분

|  |  |  |
|---|---|---|
| 모발의 판넬을 오버해서 들어준다. | 모다발을 들어 롤이 판넬의 0.5cm 정도 보이게 가져다 댄다. | 드라이기가 롤에 닿으면서 롤을 회전하며 밀어준다.(살리고 싶은 볼륨만큼)<br>ex) 많이 살리려면 많이 밀고, 적게 살리려면 적게 밀어준다.<br>이때 모발을 롤에 감아서 회전시켜야 잔머리가 감겨 모발에 윤기가 난다. |
|  |  |   |
| 모발 중간에서 빗을 드라이기를 사용하여 뺀다. | 모발을 모아 다시 롤에 안착시킨다. | 각도를 서서히 내려가며 일정한 속도, 일정한 텐션으로 모발 끝까지 열을 가해준다. |

◈ 백 포인트 윗 부분은 모발 뿌리 부분에서 롤을 크게 회전하고 밀면서 볼륨을 살려주는 것이 Key Point

# 제 1장 기초 드라이

## 1. 스트레이트

완성형 - 앞

완성형 - 옆(오른쪽)

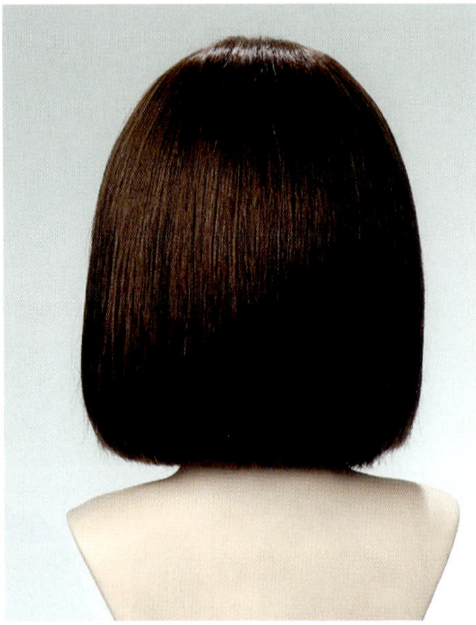

완성형 - 뒤

완성형 - 옆(왼쪽)

1. 5 블로킹을 나눈 후 롤의 크기만큼 수평 파팅을 나눈다.

2. 볼륨이 생기지 않도록 판넬 각도를 45° 로 하여 롤링한다.

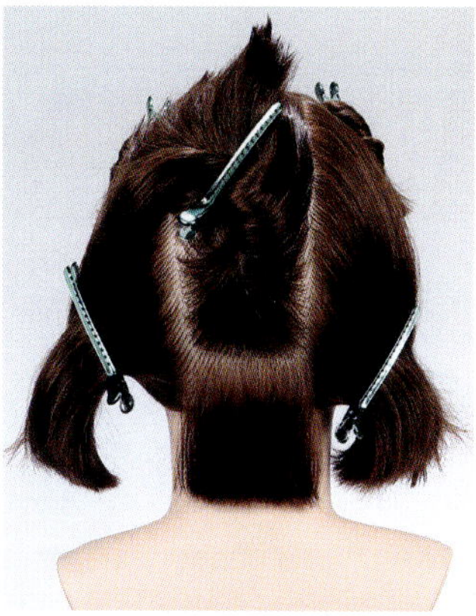

3. 스트레이트로 드라이된 상태이다.

4. 백 부분의 볼륨을 주기 위해 롤을 90° 로 넣어준다.

5. 드라이 노즐을 롤에 대고 텐션을 준 후 열을 준다.

6. 롤에 머리카락을 얹은 상태에서 텐션을 준 후 모발 끝 부분까지 롤링한다.

7. 백까지 드라이된 상태이다.

8. 크라운 부분은 최대의 볼륨을 얻기 위해 120° 로 롤을 넣어 텐션을 준 후 열을 준다.

9. 노즐의 방향을 바꾸어 롤의 아랫부분에 열을 준다.

**10.** 모발에 텐션을 주고 롤링한다.

**11.** 모류의 방향이 옆으로 눌렸을 때는 롤을 이용하여 역방향으로 틀어주면서 드라이 바람을 준다.

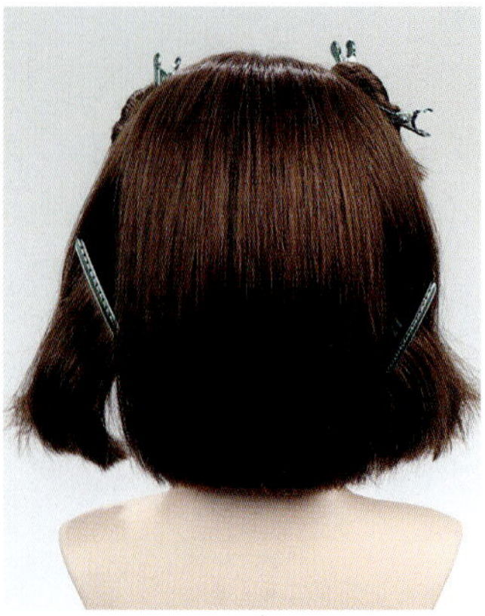

**12.** 백 센터 스트레이트 드라이 상태이다.

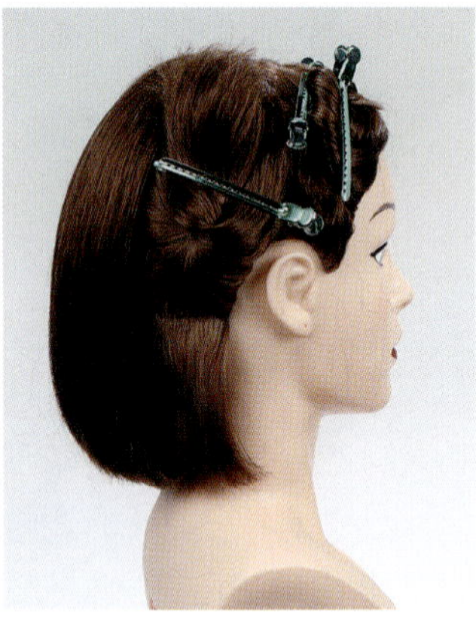

**13.** 오른쪽 수평 파팅으로 나눠진 상태이다.

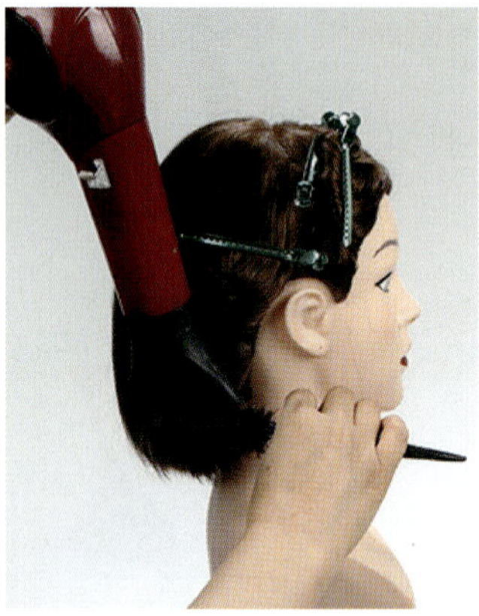

**14.** 45° 로 롤을 넣어 롤링한다.

**15.** 롤 크기만큼 파팅을 하여 드라이한다.(아래 판넬의 1cm를 합류)

**16.** 모발에 텐션을 주고 스트레이트가 되도록 드라이한다.

**17.** 모발 끝까지 드라이하여 매끄럽게 되도록 한다.

**18.** 오른쪽 백 사이드 드라이가 끝난 상태이다.

19. 왼쪽 백 사이드를 텐션 있게 드라이한다.

20. 백 사이드까지 드라이된 상태

21. 왼쪽 사이드를 수평 파팅으로 나눈 상태

22. 90° 로 롤을 넣어 롤링한다.

23. 텐션 있게 드라이한다.

24. 왼쪽 사이드 중간까지 드라이된 상태

25. 텐션 있게 드라이하여 윤기를 준다.

26. 왼쪽 사이드가 끝난 상태

27. 오른쪽 사이드를 수평 파팅한 상태

**28.** 오른쪽 사이드 첫 단은 90° 롤을 넣어 롤링하여 드라이한다.

**29.** 중간을 지나면서 각도를 조금씩 내리면서 드라이한다.

**30.** 텐션 있게 드라이하는 모습

## 2. 인 컬

완성형 - 앞

완성형 - 옆(오른쪽)

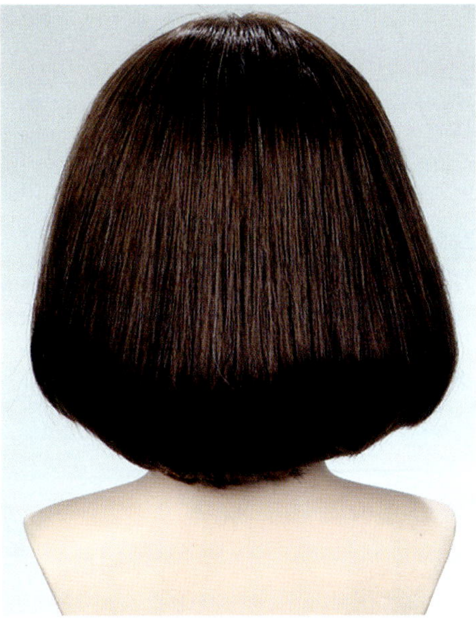

완성형 - 뒤

완성형 - 옆(왼쪽)

1. 5등분 블로킹을 한 뒤 롤 지름만큼 섹션을 나눈다.

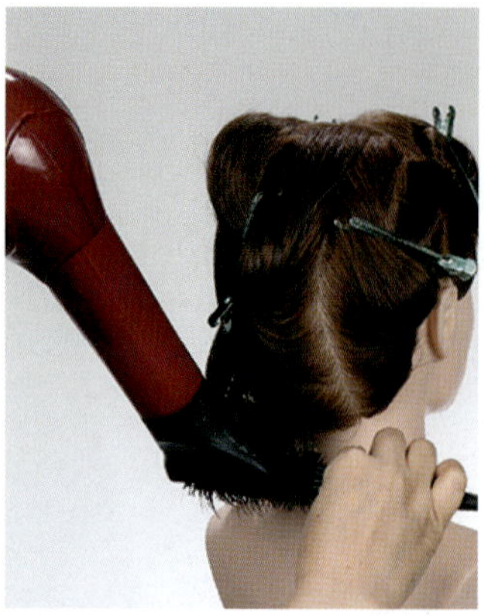

2. 롤을 회전하면서 드라이한다.

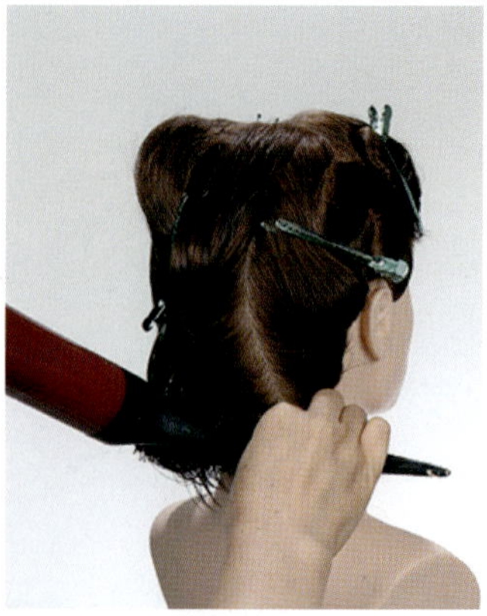

3. 롤에 텐션을 주고 한 바퀴 회전하여 열을 준다.

4. 롤링을 한 후 식혀준다.

5. 인 컬로 드라이된 상태

6. 다음 판넬은 드라이된 부분의 1cm 정도와 합류하여 인 컬로 드라이 한다.

7. 모발을 한 바퀴 롤에 말아서 텐션 있게 하여 열을 준다.

8. 백 부분은 90° 각도를 들어 드라이한다.

9. 모발을 롤에 말아서 텐션을 주며 열을 준다.

10. 크라운부분은두피각도를120° 들어 롤을 넣어준다.

11. 롤 위를 드라이 열을 준다.(이때 두피를 뜨겁게 할 수 있으므로 주의한다.)

12. 롤의 아래 부분을 열을 주며 살짝 드라이 노즐이 지나간다.

13. 모발을 스트레이트 드라이를 한 후 모발 끝 부분에 C 컬 롤링하여 열을 준다.

14. 백까지 드라이가 끝난 상태

15. 백부분이 드라이된 상태

16. 오른쪽 수평 파팅으로 나눈 상태

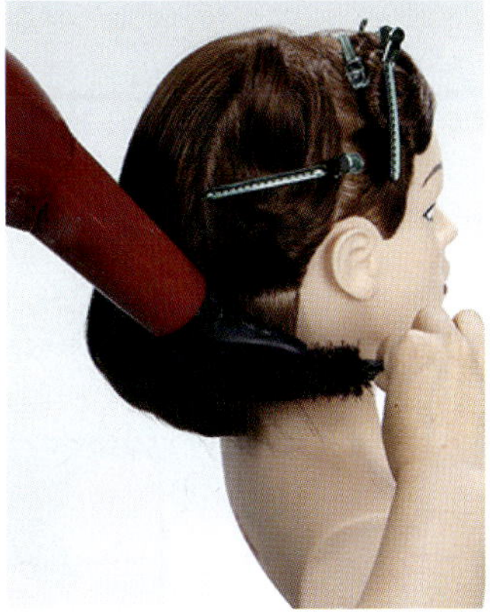

17. 센터 드라이된 모발의 1cm와 합류하여 인 컬 드라이한다.

18. 각도를들지않고인컬드라이한다. (먼저 드라이된 모발과 1cm 정도 당겨와서 합류하여 드라이한다.)

**19.** 오른쪽 백 사이드 중간까지 드라이된 상태

**20.** 오른쪽 백 사이드까지 드라이된 상태

**21.** 왼쪽 백 사이드 수평 파팅으로 나눈 상태

**22.** 오른쪽과 동일한 방법으로 인 컬롤링하여 텐션을 주어 드라이한다.

**23.** 왼쪽 백 사이드 중간까지 드라이된 상태

**24.** 왼쪽 백 사이드까지 드라이된 상태

**25.** 왼쪽 사이드 수평 파팅을 해놓은 상태

**26.** 인 컬 롤링하는 모습

**27.** 모발을 인 컬로 커브하여 끝 부분에 열을 준다.

28. 왼쪽 사이드 중간지점까지 인 컬 드라이된 상태

29. 오른쪽 사이드 수평 파팅 해놓은 상태

30. 오른쪽 사이드 인 컬 롤링하며 열을 준다.

## 3. 아웃 컬

완성형 – 앞

완성형 – 옆(오른쪽)

완성형 – 뒤

완성형 – 옆(왼쪽)

**1.** 5 블로킹 후 수평 파팅 해놓은 상태

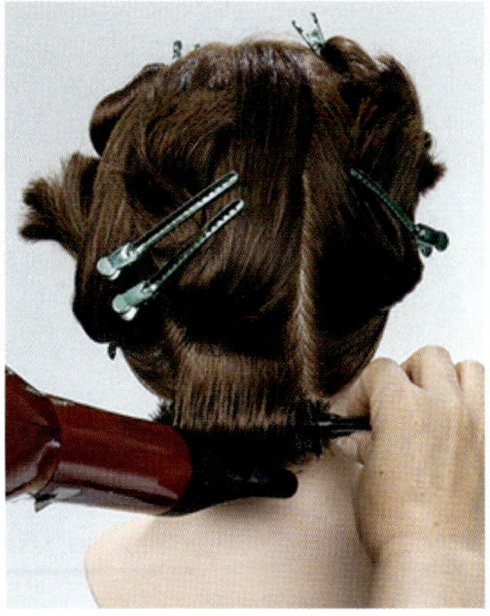

**2.** 먼저 인 컬 드라이를 해준다.

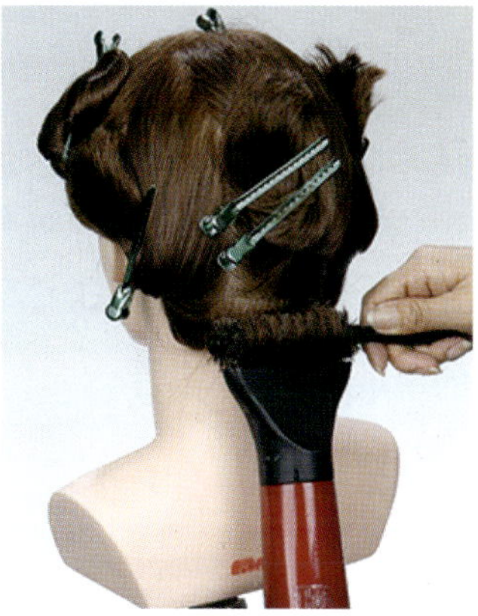

**3.** 인 컬된 머리를 아웃 컬로 롤링해 준다.

**4.** 아웃 컬 드라이된 상태

**5.** 다음 단의 아웃 컬로 롤링하는 모습

**6.** 아웃 컬 드라이된 상태

**7.** 백부분을 아웃 컬로 드라이하는 모습(노즐을 아래에서 위로 향하게 하여 열을 준다.)

**8.** 백 부분까지 드라이된 모습

**9.** 볼륨이 필요한 부분의 모발을 각도를 들어서 롤을 받쳐준다.

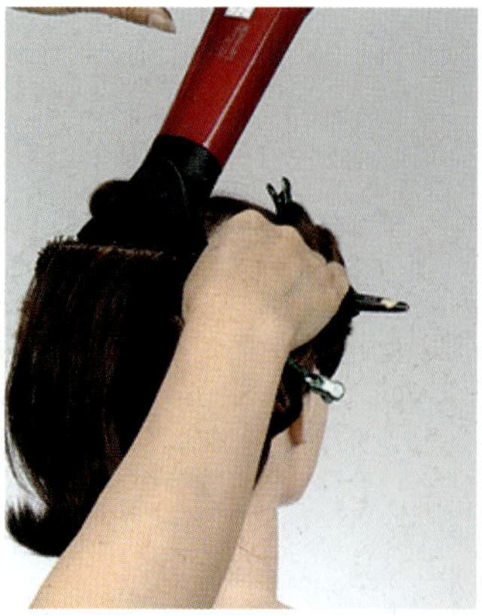

**10.** 모발 위로 드라이 열을 준다.

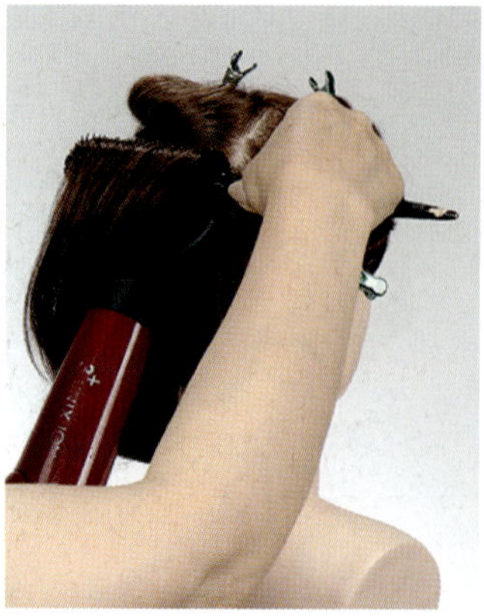

**11.** 모발 아래의 롤 밑으로 열을 살짝 준다.

**12.** 모발의 끝 부분을 인 컬로 롤링하는 모습

**13.** 아웃 컬로 다시 한 번 롤링해준다.

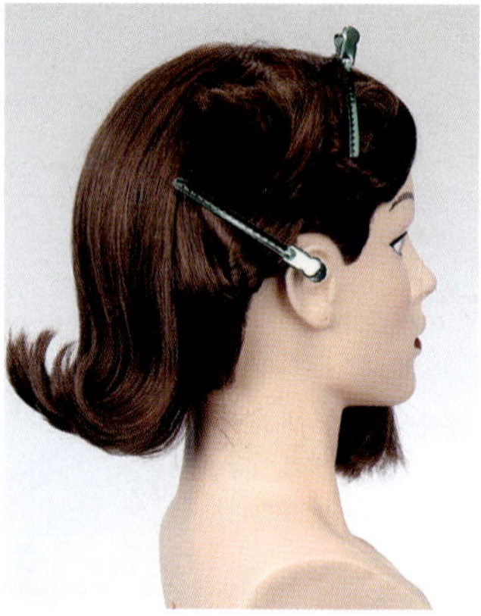

**14.** 백부분 아웃 컬 드라이가 끝난 상태

**15.** 오른쪽 백 사이드를 수평으로 파팅한 상태

**16.** 아웃으로 롤링하며 드라이한다.

**17.** 아웃 컬로 드라이된 상태

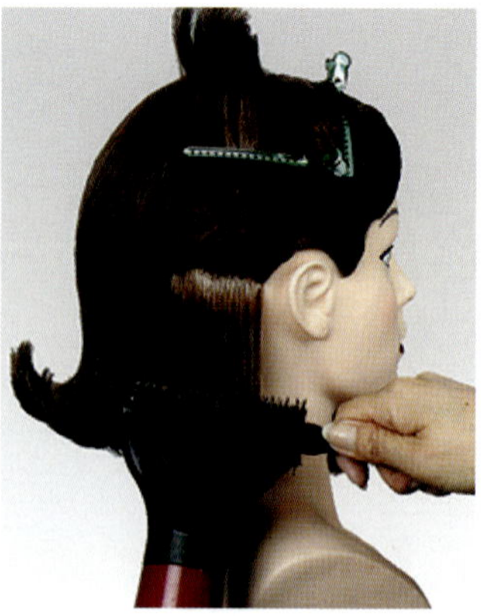

**18.** 아웃 컬로 텐션을 주며 롤링해 준다.

**19.** 백 부분의 드라이된 부분과 연결하면서 아웃 컬로 롤링해준다.

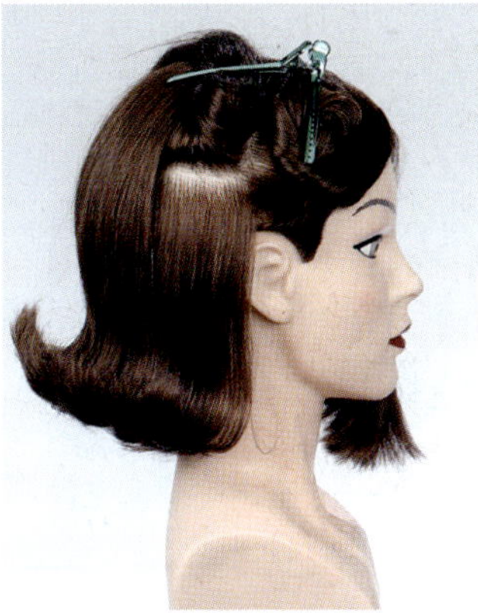

**20.** 오른쪽 백 사이드 중간까지 드라이 된 상태

**21.** 오른쪽 백 사이드까지 드라이 된 상태

**22.** 왼쪽 백 사이드 수평 파팅 해놓은 상태

**23.** 아웃 컬로 롤링한다.

**24.** 인 컬로 드라이를 먼저 해준다.

**25.** 왼쪽 사이드를 아웃 컬로 드라이하는 모습

**26.** 텐션을 주고 아웃 컬로 드라이하는 모습

**27.** 인 컬로 드라이하는 모습

**28.** 아웃 컬로 다시 드라이한다.

**29.** 오른쪽 사이드를 파팅을 나눈 모습

**30.** 아웃 컬로 드라이하는 모습

## 4. S 컬 - 포워드

완성형 - 앞

완성형 - 옆(오른쪽)

완성형 - 뒤

완성형 - 옆(왼쪽)

**1.** 이어 투 이어 섹션으로 나눈 후 네이프 부분을 수평으로 나눈다.

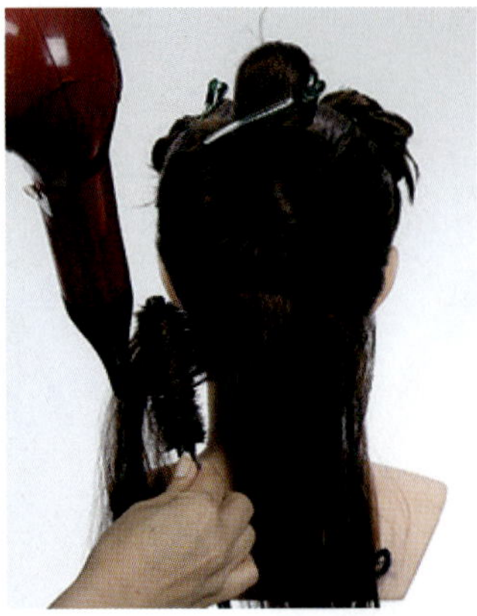

**2.** 롤 크기만큼 수직으로 나누어 롤을 얼굴 방향쪽으로 수직으로 대고 스트레이트 한다.

**3.** 모발 끝에서 롤에 머리카락을 감아주며 드라이한다.

**4.** 뿌리부터 다시 드라이해준다.

**5.** 롤에 머리카락을 감아준 후 드라이의 열을 아래쪽에서 준다.

**6.** 위쪽에서도 열을 주고 뜸을 들인 후 풀어준다.

**7.** S 컬이 만들어진 상태

**8.** 롤에 모발 끝에서부터 머리카락을 감아준 후 열을 준다.

**9.** 오른쪽의 모발을 수직으로 나누어 얼굴 방향쪽으로 롤을 대준다.

**10.** 수직으로 롤을 대어 말아주면서 드라이한다.

**11.** 아래쪽에도 열을 준다.

**12.** 수직으로 스트레이트 해주어 결 정리를 깔끔하게 해준다.

**13.** 네이프가 S 컬로 드라이된 상태

**14.** 백부분을 수평으로 나눈 뒤 오른쪽 얼굴 방향쪽으로 롤에 머리카락을 수직으로 대고 드라이한다.

**15.** 텐션을 유지하며 S 컬 웨이브로 만든다.

**16.** 왼쪽 얼굴방향으로 수직 컬을 만든다.

**17.** 롤에 머리카락을 롤링한 후 열을 준다.

**18.** 롤에 열을 주고 뜸을 들인 후 풀어준다.

**19.** 백의 S 컬이 끝난 상태

**20.** 다음 섹션을 수평 파팅 후, 수직으로 롤을 넣어 모발을 매끄럽게 펴준다.

**21.** 오른쪽 포워드 방향으로 롤에 머리카락을 말아놓은 상태에서 열을 준다.

**22.** 열을 준 후 텐션을 유지한 상태에서 뜸을 들인 후 풀어준다.

**23.** 왼쪽 포워드 방향으로 드라이로 모발을 펴준다.

**24.** 왼쪽 포워드 방향으로 롤링해준 후 드라이 열을 준다.

**25.** 왼쪽 포워드 방향으로 롤링해준다.

**26.** 백부분이 S 컬로 완성된 상태

**27.** 왼쪽 사이드를 포워드로 말아놓고 열을 준다.

**28.** 왼쪽 포워드로 말아놓은 상태

**29.** 오른쪽 포워드 방향으로 스트레이트 한다.

**30.** 오른쪽이 S 컬로 완성된 상태

## 5. S 컬 - 리버스

완성형 - 앞

완성형 - 옆(오른쪽)

완성형 - 뒤

완성형 - 옆(왼쪽)

1. 오른쪽 사이드와 백 사이를 사선으로 나눈 상태

2. 오른쪽으로 스트레이트로 모발을 펴준다.

3. 리버스로 감아주며 열을 준다.

4. 리버스로 롤링하며 드라이 한다.

5. 리버스로 감아주며 열을 주고 뜸을 들인후 풀어준다.

6. 리버스 형태로 컬링된 상태

7. 리버스로 텐션을 주고 롤링하며 말아준다.

8. 롤링한 상태에서 열을 준 후 뜸을 들인다.

9. 리버스로 컬링된 상태

**10.** 리버스로 말아주며 열을 준다.

**11.** 롤을 말아준 후 열을 주고 뜸들인 후 풀어준다.

**12.** 리버스로 롤링하며 열을 준다.

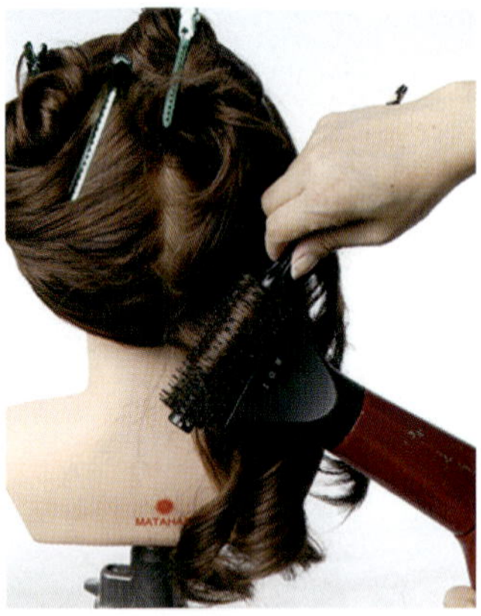

**13.** 리버스로 롤을 말아주고 열을 준 후 풀어준다.

**14.** 오른쪽 리버스 컬이 중간까지 완성된 모습

**15.** 오른쪽 리버스 컬이 완성된 모습

**16.** 왼쪽 사선으로 블로킹된 모습

**17.** 먼저 모발을 스트레이트로 펴준다.

**18.** 왼쪽을 리버스로 롤링하며 열을 준다.

19. 롤링한 롤에 위 아래로 열을 주고 뜸을 들인 후 풀어준다.

20. 동일한 방법으로 리버스로 롤링한다.

21. 적당한 텐션을 유지하며 롤링해 준다.

22. 롤링을 하며 열을 준다.

23. 양쪽이 리버스 형태로 S 컬링된 상태이다.

24. 롤을 두피의 90° 로 롤을 넣어 준다.

25. 롤을 두피의 90° 로 롤을 넣어 볼륨을 주기 위해 뿌리에 대고 롤에 텐션을 준다.

26. 수평으로 스트레이트로 펴준 후 롤을 말아준다.

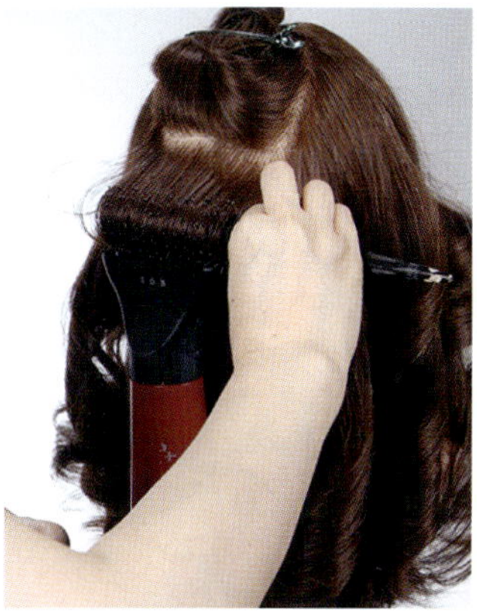

27. 수평으로 롤을 말아준 상태에서 열을 준다.

**28.** 롤을 대고 모발을 펴주도록 한다.

**29.** 두피에 120° 이상 각도를 들어 롤을 대준다.

**30.** 볼륨을 얻기 위해 롤 두피에 대고 텐션을 주고 위에서 열을 준 후, 뜸을 들인 후 컬을 풀어준다.

## 6. 흐름 S 컬

완성형 - 앞

완성형 - 옆(오른쪽)

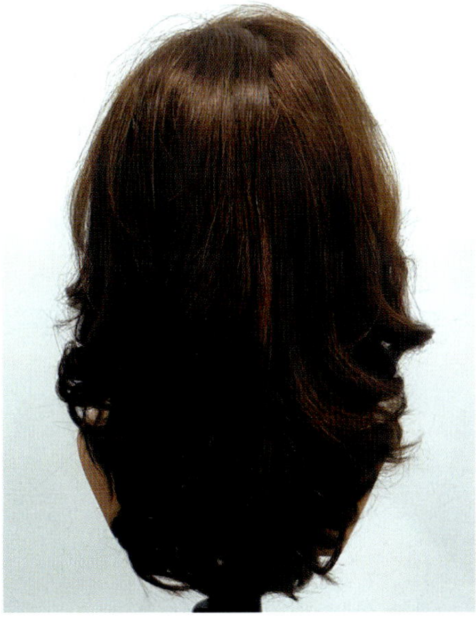

완성형 - 뒤

완성형 - 옆(왼쪽)

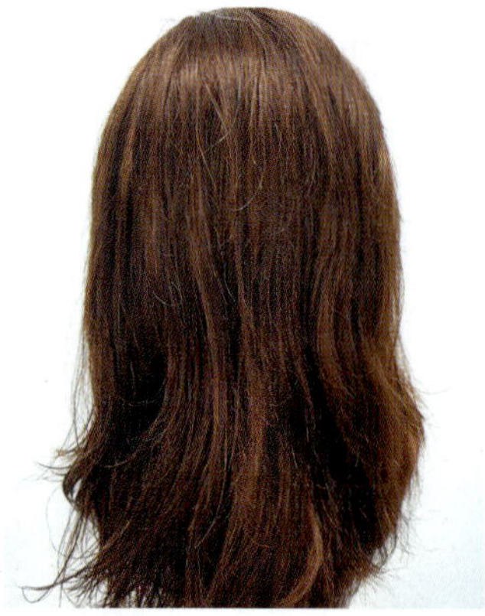

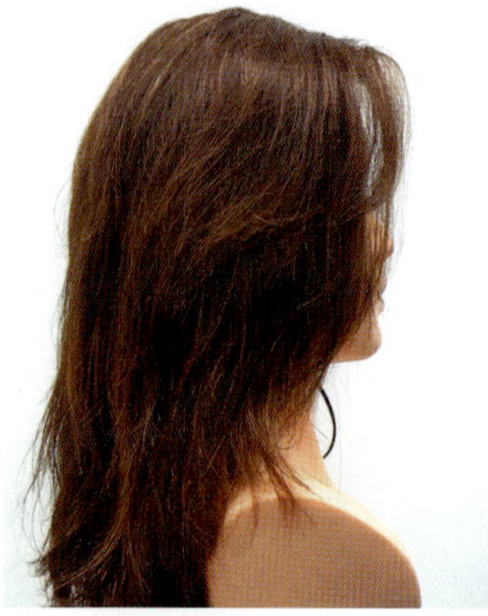

**1~3.** 시술 전

**4.** 네이프 부분에 패널을 나누어 모다발을 들어서 롤을 가져다 댄다. 이 후 드라이기를 사용해 열을 가하면서 롤을 1/4바퀴 회전시킨다.

**5.** 롤에 드라이의 열을 가하면서 모다발을 쓸어 내려온다.

**6.** 롤에 모다발을 수평으로 말아준다.

**7.** 수평으로 모발이 말려있는 롤에 드라이기를 사용해 롤 위에서 약 8초간 열을 가해준다.

**8.** 마찬가지로 롤 아래에서 약 8초간 열을 가해준다.

**9.** 롤에 말려있는 모발을 풀어준다.

**10.** 다시 모다발을 롤에 사선으로 말아준다.(사선방향 = 얼굴방향 쪽)

**11.** 사선으로 모발이 말려있는 롤에 드라이기를 사용해 롤 위에서 약 8초간 열을 가해준다.

**12.** 마찬가지로 롤 아래에서 약 8초간 열을 가해준다.

**13.** 롤에 말려있는 모발을 풀어준다.

**14.** 다시 모다발을 느슨하게 롤에 사선으로 말아준다.

**15.** 느슨하게 사선으로 모발이 말려있는 롤에 드라이기를 사용해 롤 위에서 약 8초간 열을 가해준다.

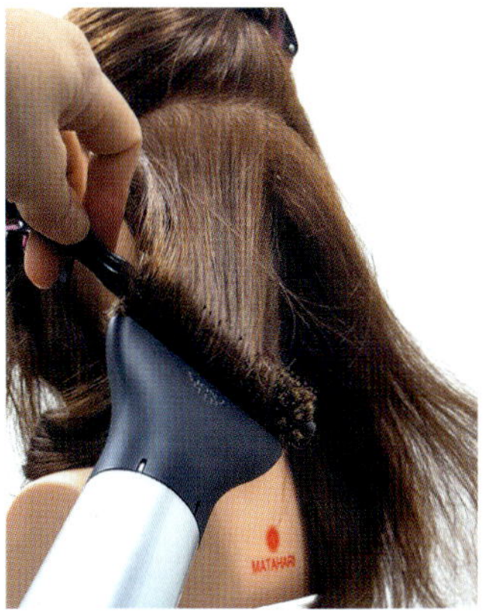

**16.** 마찬가지로 롤 아래에서 약 8초간 열을 가해준다.

**17.** 말려있는 롤의 모발을 반 바퀴 풀어준다.

**18.** 얼굴방향으로 롤을 돌려준다.

**19~21.** 롤을 천천히 위 아래로 텐션을 조절하면서 반동을 사용해 롤을 돌리면서 모발을 빼내어 준다.

**22~23.** 흐름 C 컬 드라이 1다발 완성 사진

**24.** 네이프에서 탑 쪽으로 서서히 올라가면서 시술한다.

**25~27.** 위에 시술한 순서대로 흐름 S 컬을 형성하여 준다.

**28~30.** 패널이 두상 중앙에 있을 경우 왼쪽 방향으로 웨이브를 형성하여 시술한다.

**31~33.** 반대쪽의 경우에는 마찬가지로 얼굴 방향으로 웨이브를 형성하여 시술한다.

**34~36.** 사이드의 경우에도 마찬가지로 얼굴 방향으로 웨이브를 형성하여 시술한다.

**37~39.** 프론트의 경우에는 볼륨을 살려주는 것이 중요하므로 뿌리만 롤을 반 바퀴 회전시키며 볼륨을 형성한다.

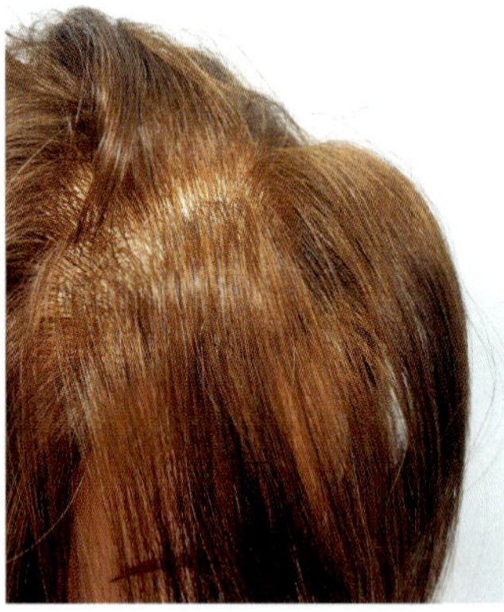

**40~41.** 프론트 부분에 볼륨이 형성된 모습

**42.** 프론트 부분을 사선으로 나눠서 다시 드라이 한다.

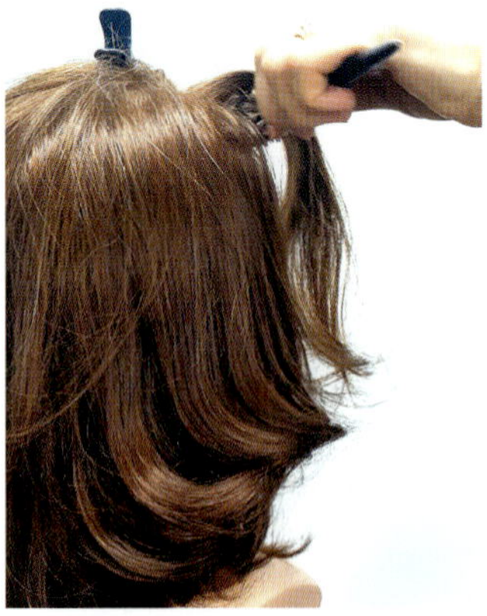

**43.** 프론트 드라이는 뿌리, 중앙, 꼬리 부분으로 3번에 나눠 드라이 한다.

**44.** 중앙 부분에 드라이한다.

**45.** 끝 부분은 사선으로 롤에 말아 드라이한다. 롤의 방향은 가르마 방향으로 향한다.

**46.** 끝 부분의 모발이 롤에 잘 안 감길 경우 드라이기의 바람을 사용하여 감아준다.

**47~48.** 롤에 감겨있는 모발을 풀어 준 후 느슨하게 다시 감는다.

**49.** 롤을 회전하여 웨이브를 형성하며 롤에서 모발을 빼내어 준다.

## 제2장 기초 아이론

### 1. 플랫 스트레이트

완성형 - 앞

완성형 - 옆(오른쪽)

완성형 - 뒤

완성형 - 옆(왼쪽)

1. 5 블로킹하여 수평 파팅한 상태

2. 네이프 부분은 판넬을 이용하여 45° 내려서 모발을 곱게 빗질하여 아래쪽 판넬을 대어준 모습

3. 판넬로 프레스하는 모습

4. 스트레이트로 편 상태

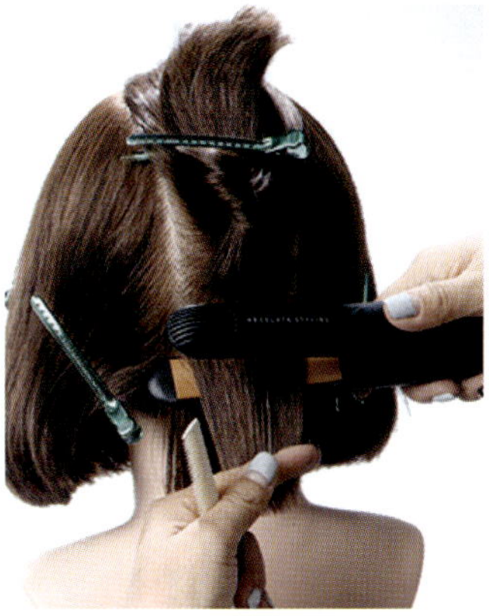

5. 두피에 자국이 남아있지 않도록 다음 판넬은 아래쪽 판넬을 대준다.

6. 텐션을 유지하며 프레스하는 모습

7. 꼬리빗으로 곱게 빗질한 부분을 미끄러지듯 프레스한다.

8. 모발 끝 부분까지 잘 펴준다.

9. 백부분의모발은두피에서90° 로 들어줘고 아래쪽 판넬을 먼저 대준 후 위쪽 판넬을 프레스하며 내려온다.

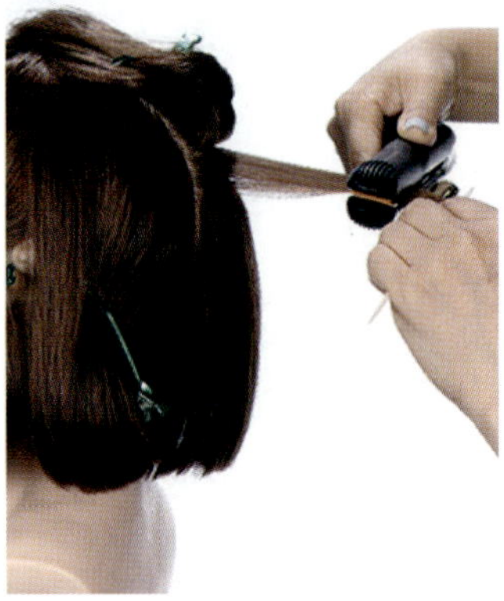

**10.** 모발의 중간까지 각도를 유지하며 프레스해준다.

**11.** 모발의 끝 부분은 각도를 내려서 프레스한다.

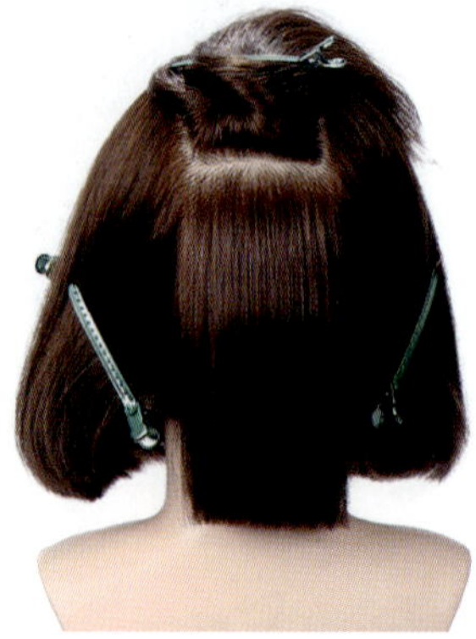

**12.** 백까지 스트레이트 된 모습

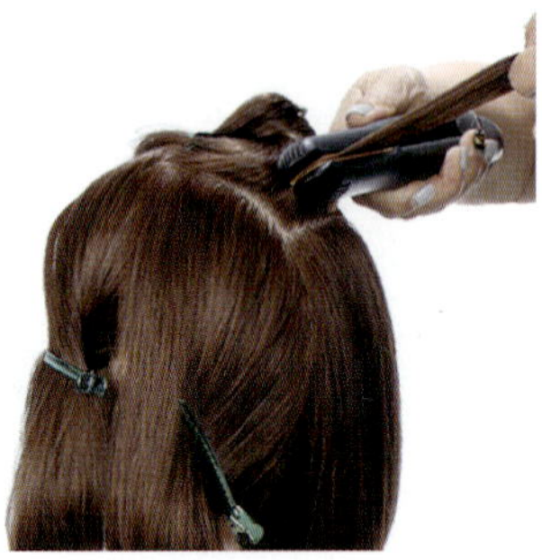

**13.** 크라운 부분은 두피에서 90° 각도로 들어 프레스한다.

**14.** 모발 중간부터는 꼬리빗으로 머리카락을 정리하며 프레스작업을 한다.

**15.** 탑 부분은 두피 90° 각도를 들어 볼륨을 얻도록 한다.(두피에 자국이 남지 않도록 위 판넬을 두피에 먼저 어준 후 위 판넬을 닫으면서 곧바로 이동하며 프레스 해주도록 한다.)

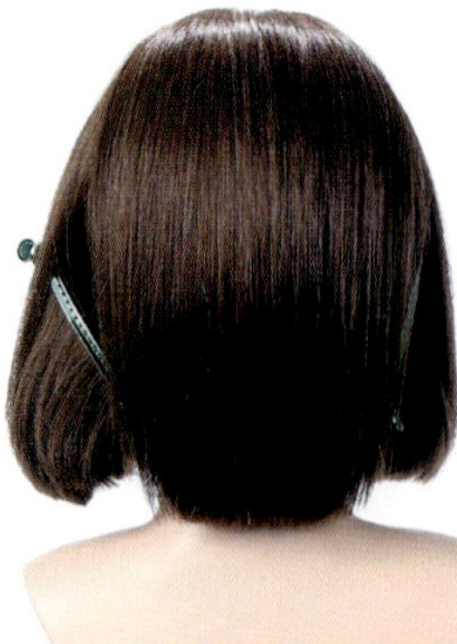

**16.** 백 센터가 스트레이트 된 모습

**17.** 왼쪽 백 사이드는 자국이 남지않도록 먼저 프레스된 모발과 합류하여 45° 각도로 프레스한다.

**18.** 모발 끝 부분은 빗질을 곱게 한 후 텐션을 유지하며 프레스해준다.

**19.** 왼쪽 백 사이드의 두피에서 90° 각도로 들어 프레스한다.

**20.** 왼쪽 백 사이드가 완성된 모습

**21.** 오른쪽 백 사이드로 곱게 빗질하여 프레스한다.

**22.** 오른쪽 백 사이드가 중간까지 완성된 모습

**23.** 오른쪽 백 사이드가 완성된 모습

**24.** 오른쪽 사이드 부분은 두피에서 90° 각도로 들어 아래 판넬을 먼저 대어준다.

**25.** 오른쪽 사이드를 두피 각도로 유지하며 프레스한다.

**26.** 중간이 지난 부분부터 각도로 내려서 프레스 하도록 한다.

**27.** 왼쪽 사이드 부분을 두피 90° 각도로 들어 프레스 해준다.

**28.** 두피 90° 각도로 들어 프레스 한다.

**29.** 왼쪽 사이드 중간 부분까지 스트레이트 한 상태

**30.** 두피 90° 각도로 들어 프레스 한다.

## 2. 플랫 인 컬

완성형 – 앞

완성형 – 옆(오른쪽)

완성형 – 뒤

완성형 – 옆(왼쪽)

1. 5 블로킹 후 수평으로 파팅을 나눈다.

2. 플랫아이론으로 프레스하며 90° 회전한다.

3. 모발 끝까지 텐션을 유지한 상태에서 진행한다.

4. B.P 부분은 두피각도 90° 를 유지하여 프레스한다.

5. 모발 길이의 중간지점을 지난 상태에서 플랫 아이론을 90° 회전하며 프레스해준다.

6. 백 부분이 끝난 상태

7. 두상각도 90° 로 들어 프레스한다.

8. 끝 모발길이가 7~8cm 정도 남았을 때 플랫 아이론을 90° 회전해 준다.

9. G.P까지 인 컬 드라이가 끝난 상태이다.

**10.** 두피 부분은 두상각도 90° 로 들어 시술하고 중간 지점은 지난 후 각도를 내려 프레스한다.

**11.** 백 센터가 끝난 상태

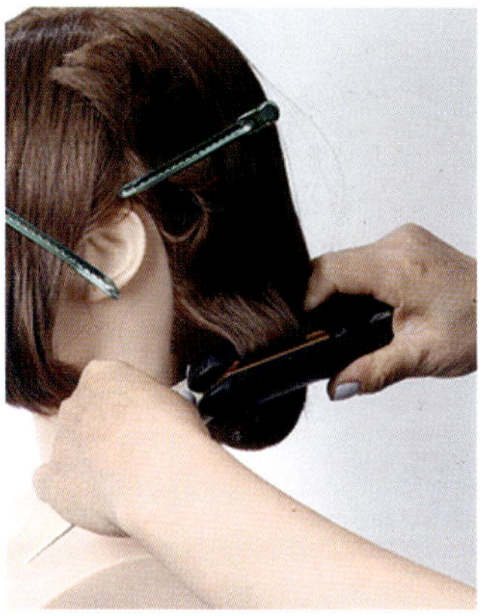

**12.** 왼쪽 백 사이 판넬을 인 컬로 프레스한다.

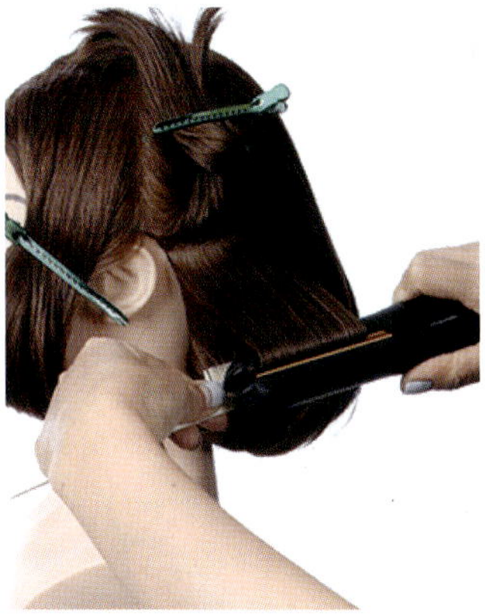

**13.** 모발 끝 부분에서(약 7~8cm 위치) 아이론을 90° 회전하여 인컬을 만든다.

**14.** 두피각도 90° 위치에서 프레스해준다.

**15.** 모발에 텐션을 유지한 상태에서 동일하게 프레스한다.

**16.** 왼쪽 백 사이드가 인 컬로 드라이 된 상태

**17.** 오른쪽 백 사이드에 동일한 방법으로 시술

**18.** 먼저 드라이된 모발과 연결이 매끄럽도록 오버랩하며 프레스해준다.

**19.** 동일한 텐션으로 인 컬 프레스 한다.

**20.** 모발 끝까지 프레스할 때 끝에 빠지는 모발은 꼬리빗으로 잡아준다.

**21.** 탑 크라운 부분은 두피 각도를 들어 시술한다.

**22.** 모발길이의 중간 지점으로부터 각도로 내려준다.

**23.** 오른쪽 사이드의 각도를 들어아래 판넬에 먼저 대주고 프레스하면 두피에 눌림자국이 없도록 해줄수 있다.

**24.** 오른쪽 사이드가 인 컬이 되도록 프레스한다.

**25.** 오른쪽 사이드 텐션을 유지하며 프레스한다.

**26.** 오른쪽 사이드 중간 지점까지 인 컬된 모습

**27.** 오른쪽 사이드가 드라이된 상태

28. 왼쪽 사이드가 인 컬이 되도록 프레스한다.

29. 왼쪽 사이드가 인 컬이 되도록 프레스한다.

30. 왼쪽 사이드 마지막 단을 인 컬이 되도록 아이론을 90° 회전한 모습이다.

## 3. 플랫 아웃 컬

완성형 – 앞

완성형 – 옆(오른쪽)

완성형 – 뒤

완성형 – 옆(왼쪽)

**1.** 5블로킹 후 수평 파팅을 나눈다.

**2.** 판넬을 바깥 방향으로 90° 회전한다.

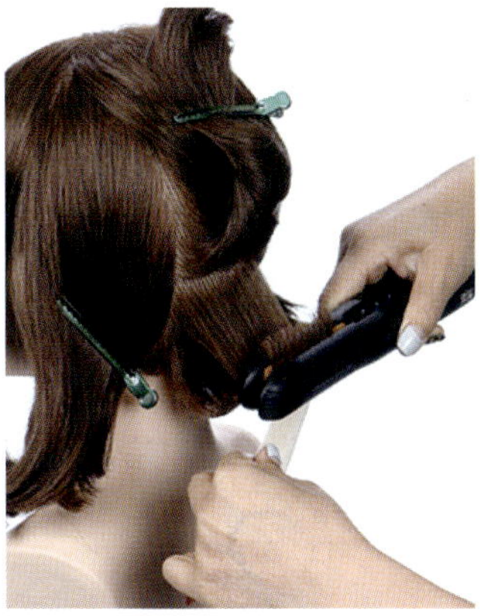

**3.** 모발 끝 부분에 아웃 컬을 해준다.

**4.** 센터 백 부분까지 아웃 컬이 된 모습

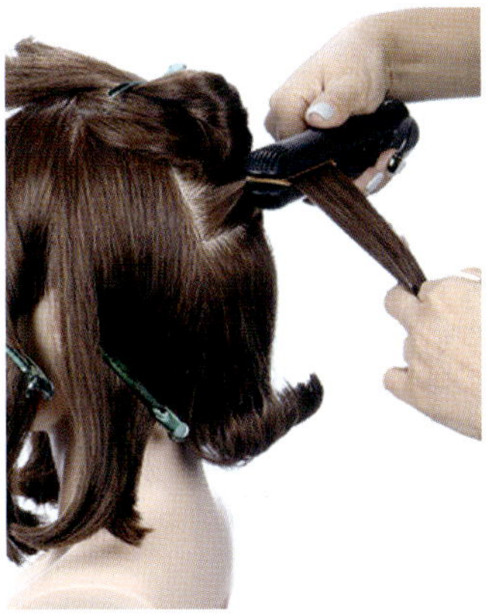

**5.** 백 부분을 90° 각도를 들어 프레스한다.

**6.** 골덴 포인트 부분을 90° 각도로 들어 아래 판넬을 먼저 모발 밑에 두고 위 판넬을 닫아주면서 프레스 하게 되면 두피에 자국이 남지 않는다.

**7.** 모발 끝 부분 길이가 7~8cm 남아있을 때 아웃으로 판넬을 회전한다.

**8.** 골덴 포인트까지 아웃 컬이 된 모습이다.

**9.** 크라운 부분도 90° 각도를 들어 볼륨을 얻도록 한다.

**10.** 판넬의 텐션을 유지하며 아웃으로 컬링한다.

**11.** 탑 부분도 90° 각도를 들어 프레스해준다.

**12.** 중간 부분이 지난 부분부터는 각도를 내려서 모발 끝 부분을 아웃 컬링한다.

**13.** 백 부분이 아웃으로 컬링된 모습이다.

**14.** 왼쪽 백 사이드로 텐션을 유지하며 아웃으로 컬링을 한다.

**15.** 왼쪽 백 사이드로 90° 각도를 들어 프레스한다.

**16.** 모발 끝 부분을 각도를 내려 아웃 컬링한다.

**17.** 모발 끝 부분까지 아웃 컬이 되도록 천천히 뜸을 들이며 컬링해준다.

**18.** 곱게 빗질한 꼬리빗이 컬의 텐션을 위해 지지대로 잡아주도록 한다.

19. 백과 백 사이드와 아웃 컬이 형성된 모습이다.

20. 오른쪽 아웃 컬이 형성된 상태이다.

21. 오른쪽 백 사이드로 동일한 방법으로 텐션을 유지하면서 컬링한다.

22. 오른쪽 백 사이드 중간까지 아웃 컬이 형성된 상태이다.

23. 두상에서 90° 각도를 들어 프레스한다.

24. 오른쪽 사이드로 모발 길이가 7~8cm 남아있을 때부터 아이론을 90° 밖으로 회전하여 컬링해준다.

25. 텐션을 끝까지 유지해주어야 텐션 있는 컬과 매끄러운 질감을 얻어낼 수 있다.

26. 두상에서 90° 각도를 들어 프레스한다.

27. 모발 끝 부분은 각도를 내려 아웃 컬링해준다.

**28.** 왼쪽 사이드도 동일한 방법으로 컬링한다.

**29.** 두상에서 90° 각도를 들어 자국이 남지 않도록 프레스한다.

**30.** 모발 끝까지 텐션을 유지하며 컬링해준다.

## 4. 원형 인 컬

완성형 – 앞

완성형 – 옆(오른쪽)

완성형 – 뒤

완성형 – 옆(왼쪽)

**1.** 5 블로킹 후 수평 파팅을 나눈다.

**2.** 원형 아이론으로 45° 내려잡아 프롱 위에 모발을 얹도록 한다.

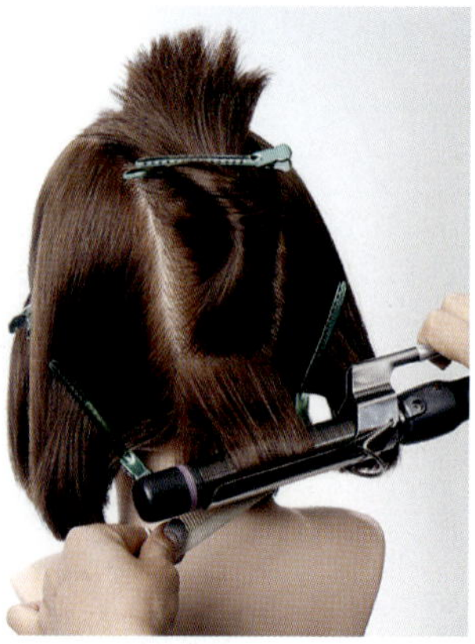

**3.** 그루브를 띤 상태에서 회전한다.

**4.** 인 컬의 볼륨이 되도록 한다.

**5.** 모발 끝부분에 아이론을 회전하여 컬을 넣는다.

**6.** 모발을 원형 아이론으로 프레스한 뒤 모발 8~9cm를 남긴 위치에서 아이론을 회전하여 인 컬을 만든다.

**7.** 센터 백이 인 컬된 모습이다.

**8.** 두피에서 90° 각도를 들어 프레스 한 후 모발 끝에서 회전하며 인 컬을 만든다.

**9.** 두피의 볼륨을 얻도록 아이론을 롤링한다.

**10.** 동일한 방법으로 인 컬로 프레스 해준다.

**11.** 두피에서 135° 각도를 들어 볼륨을 얻도록 한다.

**12.** 모발을 원형 아이론으로 텐션 있게 프레스한 뒤 모발 끝 부분은 서서히 회전하도록 한다.

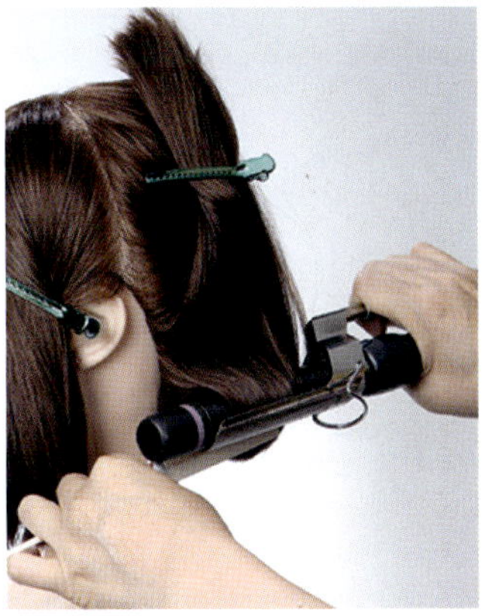

**13.** 왼쪽 백 사이드를 롤링해준다.

**14.** 동일한 방법으로 롤링해준다.

**15.** 텐션을 유지하여 롤링한다.

**16.** 꼬리빗으로 먼저 모발을 빗겨가고 그 뒤에 아이론이 롤링을 해주도록 하여 모발 끝까지 결정리를 한다.

**17.** 왼쪽 백 사이드까지 인 컬된 모습이다.

**18.** 오른쪽 백 사이드를 수평으로 파팅된 상태이다.

**19.** 텐션을 유지하고 롤링해준다.

**20.** 모발의 결을 일정하게 빗질하여 매끄러움을 유지하도록 한다.

**21.** 먼저 빗질된 꼬리빗은 모발이 아이론 컬을 다 만들때까지 텐션을 유지하도록 지지해준다.

**22.** 꼬리빗으로 잡아준 모습이다.

**23.** 오른쪽 백 사이드 중간까지 인컬된 상태이다.

**24.** 오른쪽 사이드를 동일한 방법으로 프레스한다.

**25.** 모발의 8~9cm 위치에서 아이론을 회전한다.

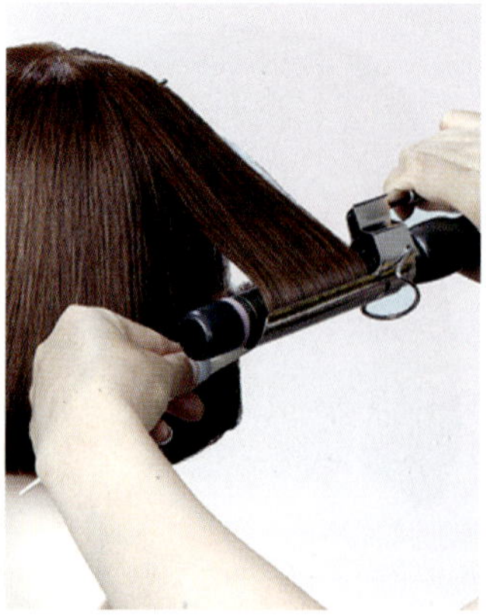

**26.** 동일한 방법으로 롤링한다.

**27.** 왼쪽 사이드의 모발을 텐션 있게 롤링한다.

28. 모발이 롤링될 때까지 꼬리빗으로 텐션을 유지해준다.

29. 왼쪽 사이드로 동일한 방법으로 프레스한다.

30. 텐션을 유지하며 롤링한다.

## 5. 원형 S 컬

완성형 – 앞

완성형 – 옆(오른쪽)

완성형 – 뒤

완성형 – 옆(왼쪽)

1. 크라운 부분을 나눈 후 후대각 사선으로 나눈다.

2. 원형 아이론 프롱에 모발은 포워드 방향으로 말아준다.

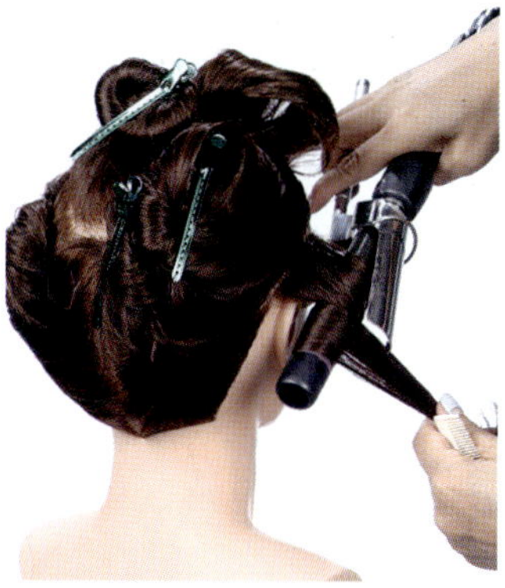

3. 모발을 플랫하게 펴서 말아준다.

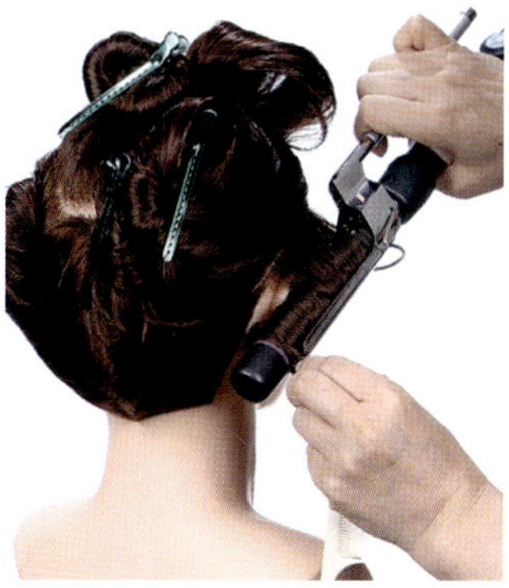

4. 모발 끝까지 말아서 잠시 뜸을 들인다.

5. 아이론을 뺀 상태의 컬 모습이다.

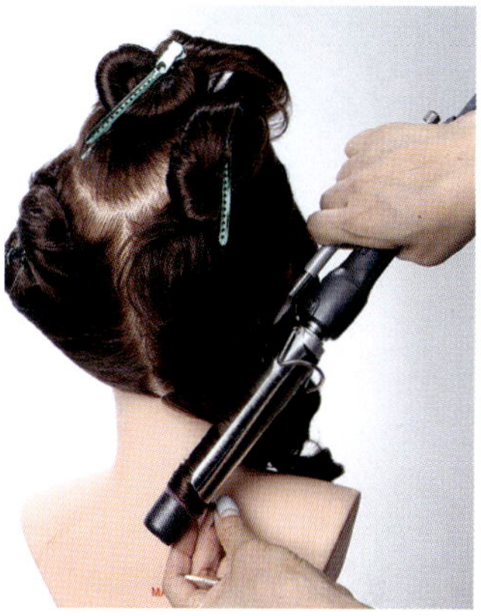

6. 동일한 방법으로 컬링한다.

7. 포워드 방향으로 S 컬된 모습이다.

8. 사선으로 파팅을 나눈 후 같은 포워드 방향으로 말아준다.

9. 아이론을 뺀 모습이다.

**10.** 모발을 다 말아준 후 뜸 들이는 시간을 준다.

**11.** 컬링된 모습이다.

**12.** 텐션 있게 하여 컬의 탄력을 준다.

**13.** 탄력 있는 컬이 형성된다.

**14.** 동일한 방법으로 컬을 만든다.

**15.** 아이론의 그루브를 열고 프롱에 모발을 말아준다.

**16.** 그루브를 닫고 텐션을 준후 뜸을 들여야 탄력 있는 컬이 만들어진다.

**17.** 오른쪽 부분이 컬링된 모습이다.

**18.** 왼쪽 사이드 모발을 포워드 방향으로 컬링한다.

**19.** 동일한 방법으로 프롱에 모발을 감아준다.

**20.** 왼쪽 부분이 포워드 방향으로 컬링된 모습이다.

**21.** 오른쪽 왼쪽이 컬링된 모습과 크라운 부분이 나눠진 상태이다.

**22.** 수평파팅으로나눈후각도를90° 들어 수평으로 모발을 말아준다.

**23.** 수평으로 볼륨이 얻어진 컬이 형성된다.

**24.** 수평 파팅하고 프롱을 130° 들어 모발 밑에 대어준다.

**25.** 크라운 부분이 컬링된 모습이다.

**26.** 앞머리 부분은 리버스로 사선으로 프롱을 대어준다.

**27.** 리버스로 모발을 말아준다.

**28.** 앞머리를 수평으로 모발을 말아 준 후 뜸을 들인다.

**29.** 옆머리를 리버스 방향을 사선으로 말아준다.

**30.** 덴멘 브러시로 S 컬을 형성하며 빗질해준다.

**31.** 컬진 머리를 디퓨저를 사용하여 컬링을 마무리한다.

MEMO

# 제3편 응용편

# BASIC STYLING PRO

## 1. 드라이 스타일

드라이 스타일
1. 수평보브 [후대각 흐름 S 컬 드라이]
p.134

드라이 스타일
2. 미듐 그래쥬에이션 [인 컬 드라이]
p.140

드라이 스타일
3. 미듐 그래쥬에이션 [수평 아웃 컬 드라이]
p.147

드라이 스타일
4. 숏 그래쥬에이션 [인 컬 드라이]
p.153

드라이 스타일
5. 미듐 레이어 [후대각 아웃 컬 드라이]
p.160

드라이 스타일
6. 숏 커트 [버티컬 리버스 드라이]
p.165

## 2. 플랫 아이론 스타일

플랫 아이론 스타일
1. 숏 그래쥬에이션 [인 컬 아이론]
p.171

플랫 아이론 스타일
2. 롱 레이어 [S 컬 아이론]
p.178

플랫 아이론 스타일
3. 웨이브 지라시
p.187

## 3. 반 원형(반달) 아이론 스타일

반 원형(반달) 아이론 스타일
1. 스파니엘 [앞머리 물결웨이브 + 뒷머리 J 컬]
p.194

반 원형(반달) 아이론 스타일
2. 비대칭 스파니엘 [앞머리 S 컬 + 인 컬 아이론]
p. 201

반 원형(반달) 아이론 스타일
3. 수평 보브 [아웃 컬 아이론]
p.210

반 원형(반달) 아이론 스타일
4. 미듐 그래쥬에이션 [아웃 컬 아이론]
p.217

반 원형(반달) 아이론 스타일
5. 숏 커트 [인 컬 아이론]
p.225

반 원형(반달) 아이론 스타일
6. 숏 커트 [C 컬 볼륨 아이론]
p.232

반 원형(반달) 아이론 스타일
7. 물결 웨이브
p.238

## 4. 원형 아이론 스타일

원형 아이론 스타일
1. 28mm 아이론을 이용한 S 컬 웨이브
p.247

## 제 1장 드라이 스타일

### 1. 수평보브[후대각 흐름 S 컬 드라이(Horizontality Vov Diagonal In curl Dry)]

완성형 – 앞

완성형 – 옆(오른쪽)

완성형 – 뒤

완성형 – 옆(왼쪽)

**1~3.** 시술 전

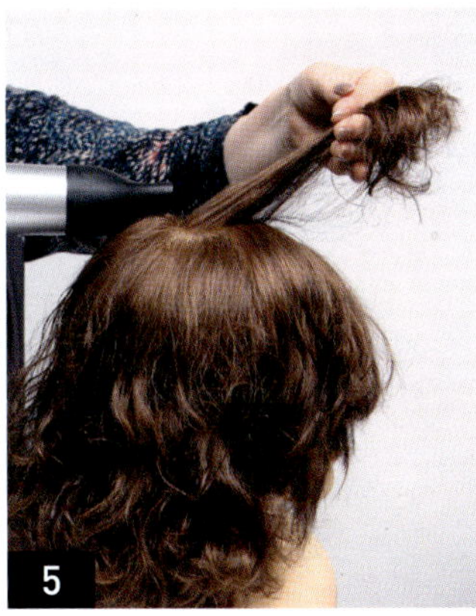

**4~6.** 인테리어 부분을 핸드 드라이를 이용해 두상각 180° 로 들어 프린지 부분을 뺀 나머지 부분을 뿌리를 살려 볼륨 드라이한다.

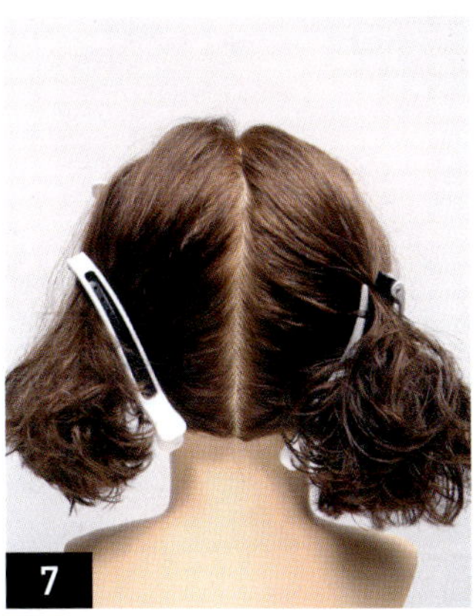
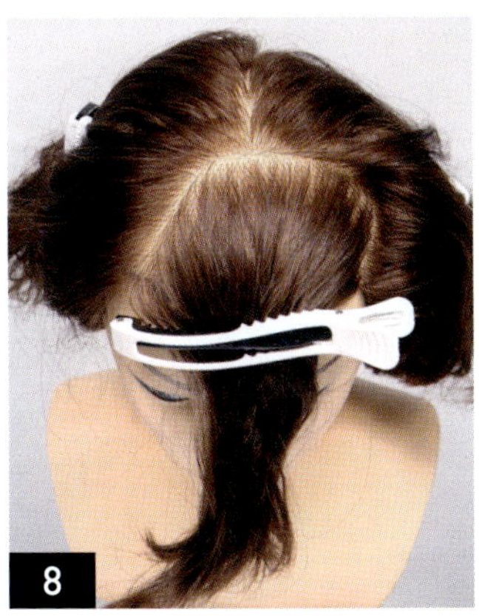

**7~8.** 블로킹 3등분 (센터 파팅, 프린지)

**9~11.** 온 베이스로 판넬을 들어 모근쪽부터 열을 주며 내려오고, 후대각 방향으로 롤을 한 바퀴 반 감아 상단부와 하단부를 번갈아가며 열을 준다.

**12~14.** 다음 섹션도 동일한 방법으로 진행한다.

**15~17.** 백 사이드 부분은 온 베이스로 들어 표면을 드라이한 후 후대각 방향으로 틀어 롤을 한 바퀴 반 감아 상단부와 하단부를 번갈아가며 열을 주고 포워드 방향으로 롤을 뺀다.

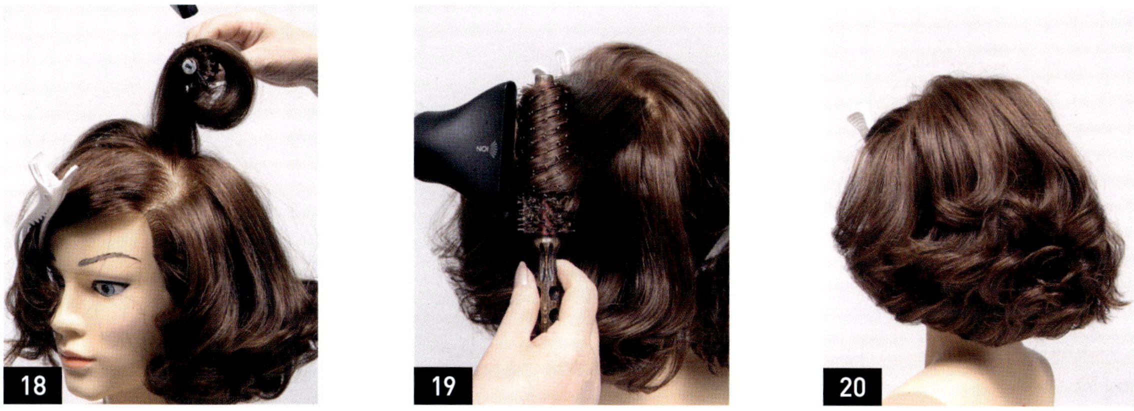


**18~20.** 탑 부분은 온 베이스로 시작하여 후대각으로 롤을 틀어 얼굴 앞 방향으로 드라이한다

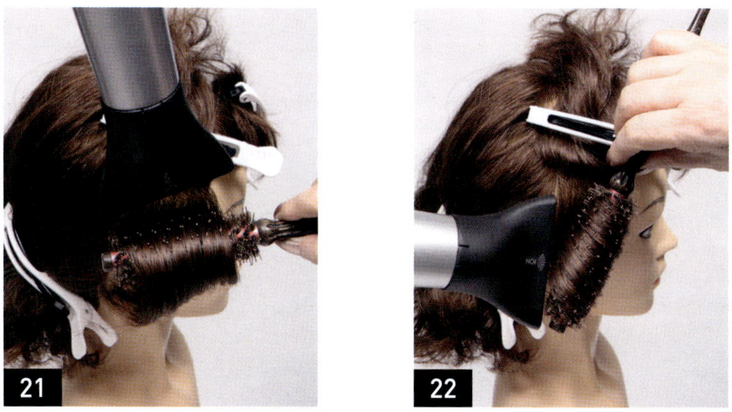


**21~22.** 반대쪽 사이드와 동일한 방법으로 작업한다.

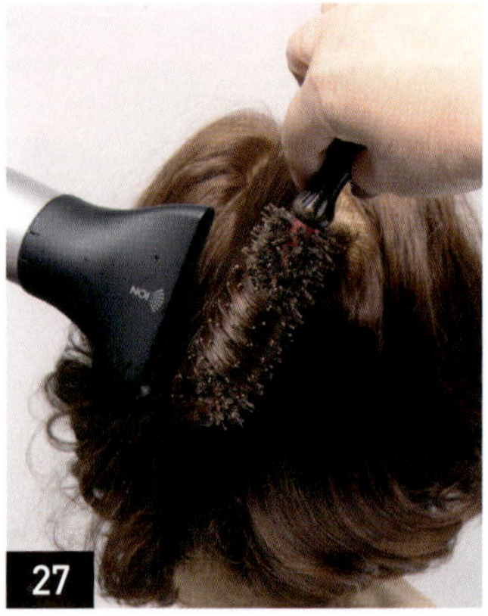

**23~28.** 백 사이드 부분은 온 베이스로 들어 표면을 드라이한 후 후대각 방향으로 틀어 롤을 한 바퀴 반 감아 상단부와 하단부를 번갈아가며 열을 주고 포워드 방향으로 롤을 뺀다.

**29~31.** 백 센터 부분은 온 베이스로 드라이 후 후대각으로 롤을 틀어 드라이한다.

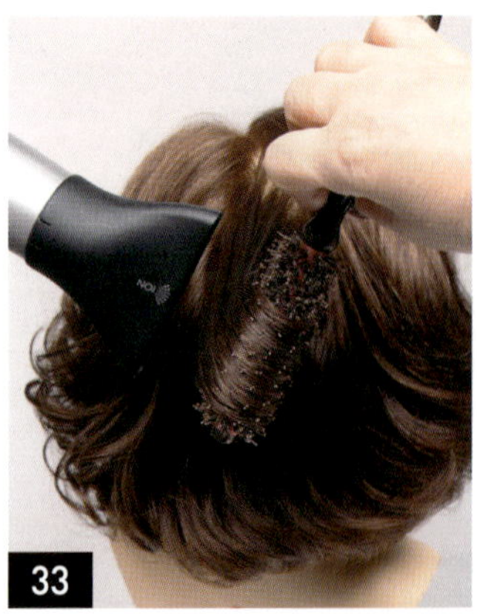

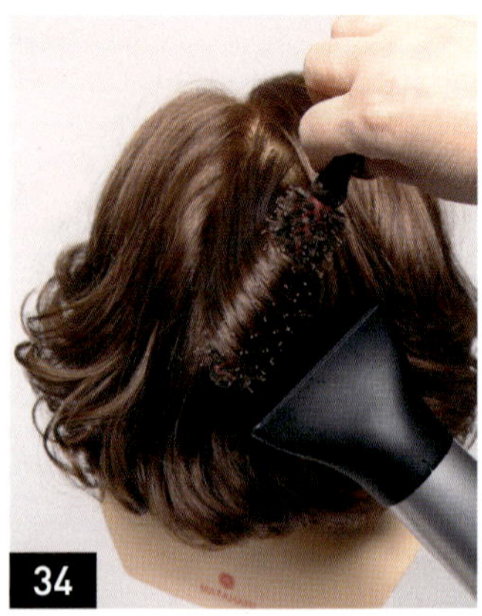


**32~34.** 아래 섹션과 동일한 방법으로 드라이한다.

**35~40.** 금속 브러시를 이용하여 프린지 부분은 아웃 컬로 롤링하고 오른쪽 사이드에서 리버스 방향으로 틀어 드라이 후 모발 끝 1/3을 잡아 인 컬로 롤링하여 모발 얼굴 방향으로 롤을 빼면서 드라이한다.

**41~43.** 왼쪽 사이드 부분에 스프레이 도포 후 사이드에서 백쪽으로 롤을 밀어가며 드라이한다. 프린지 부분을 들어 드라이 열을 주어 볼륨을 살려준다.

## 2. 미듐 그래쥬에이션[인 컬 드라이(Medium Graduation Incurl Dry)]

완성

**1~3.** 시술 전

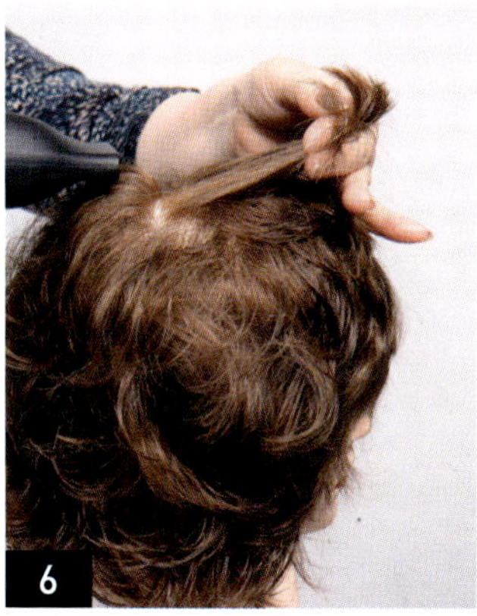


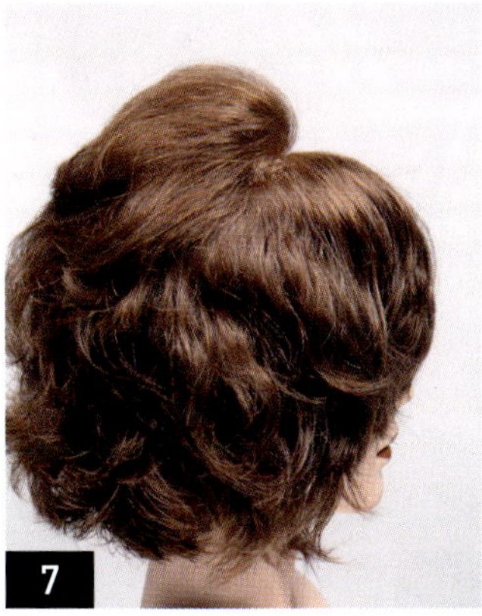

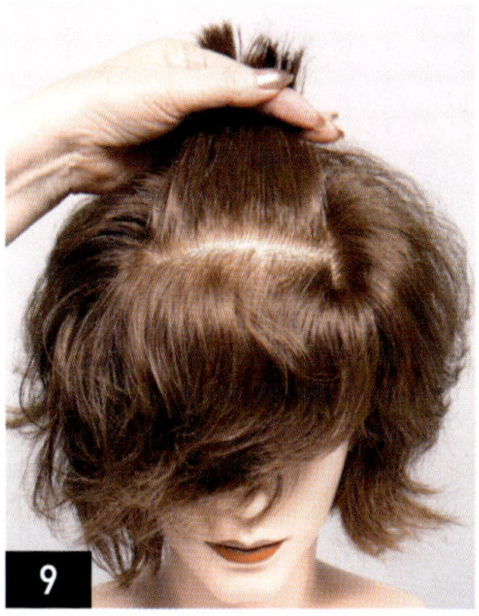

**4~12.** 인테리어 부분을 수평 섹션, 180° 들어 올려 모근 부위에 열을 주어 뿌리 볼륨을 살려준다.

**13~15.** 블로킹 5등분

**16~18.** 네이프는 온 베이스로 롤을 넣어 인 컬로 드라이한다.

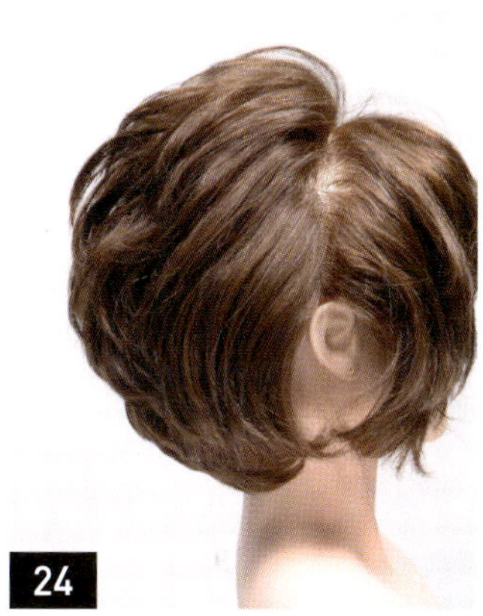


**19~24.** 양 백 사이드 부분은 온 베이스 수평으로 롤링 후 얼굴 포워드 방향으로 롤을 빼면서 모발 끝까지 드라이한다.

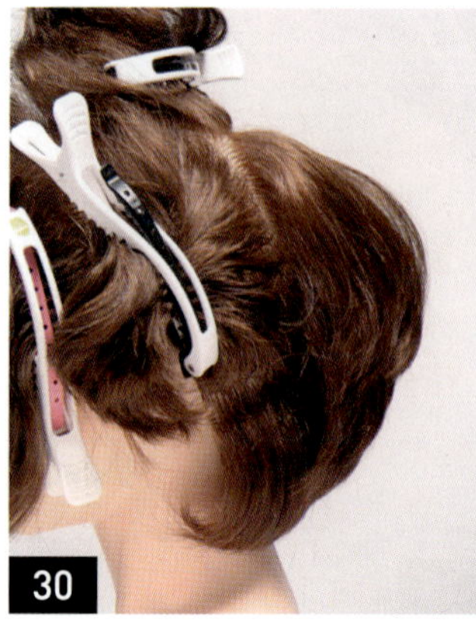


**25~30.** 백 센터 부분은 온 베이스로 롤을 감아 롤링 후 오프 베이스로 롤을 뒤로 빼면서 드라이한다.

**31~32.** 프린지 부분은 다운 베이스로 드라이 후 롤을 오른쪽 방향으로 빼면서 드라이한다.

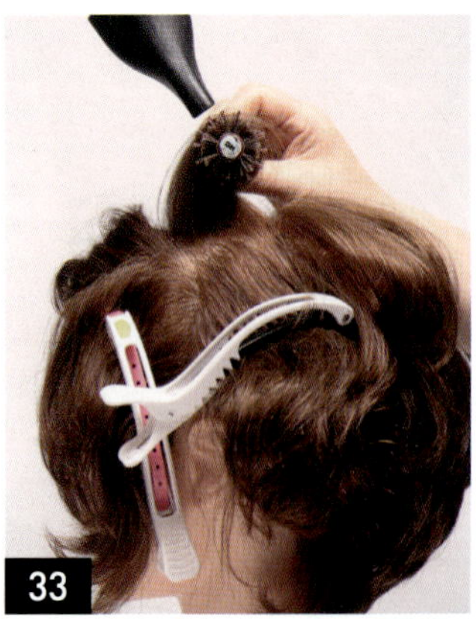

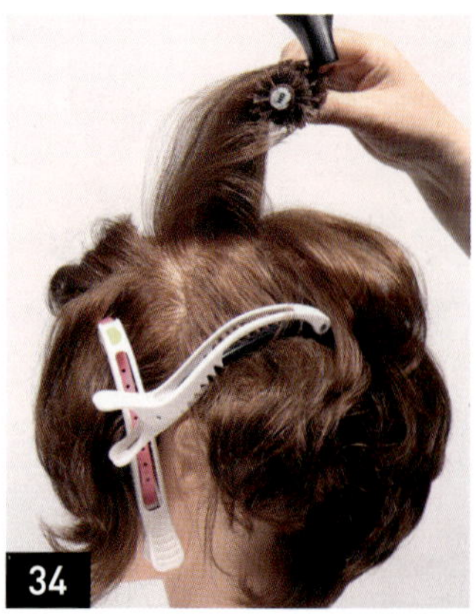

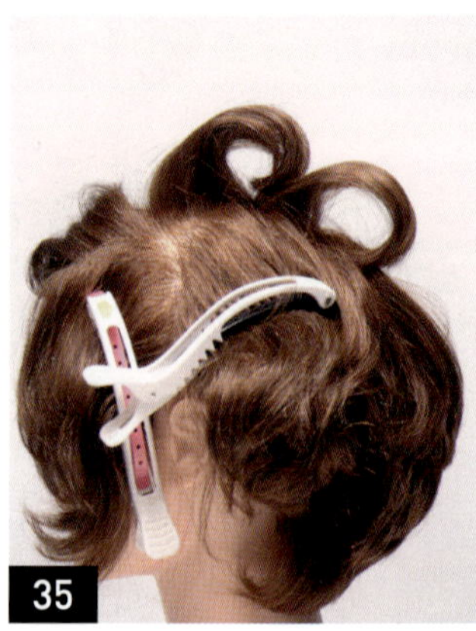


**33~35.** 탑 부분에 볼륨을 살려 드라이한다.

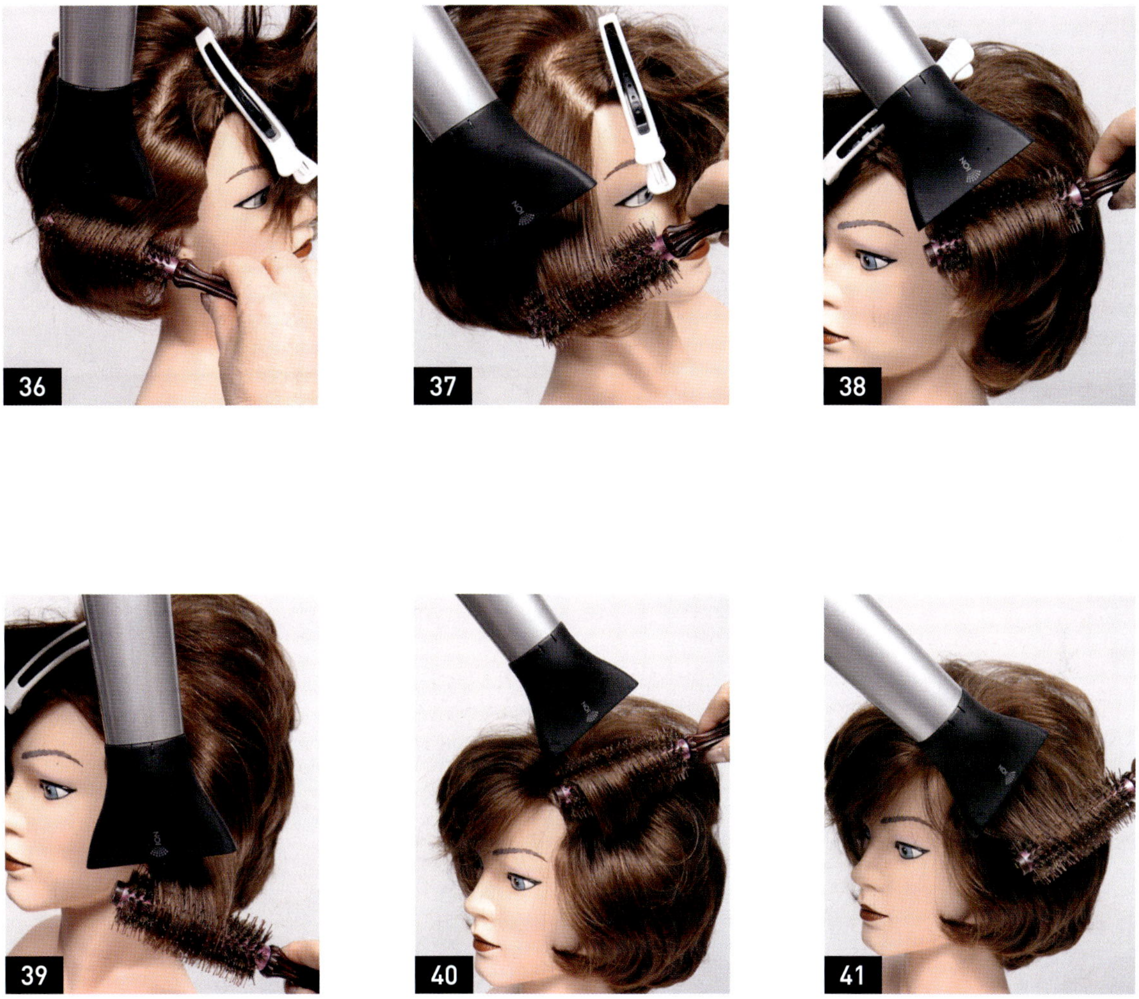


36~41. 수평 섹션으로 나누어 롤링 드라이한 후 얼굴 방향으로 롤을 빼면서 모발 끝까지 드라이한다.

42~44. 프린지 부분을 반으로 나누어 인 컬로 드라이하여 모발 끝을 리버스 방향으로 롤을 빼준다.

**45~47.** 프린지 윗부분을 잡아 동일한 방법으로 한 뒤 얼굴 반대 방향으로 롤을 빼면서 모발 끝까지 드라이한다.

**48~50.** 두상각 135° 로 모근을 들어올려 드라이하여 볼륨을 살려준 뒤 롤링하면서 각도를 다운시켜 프린지와 같은 방향으로 롤을 빼준다.

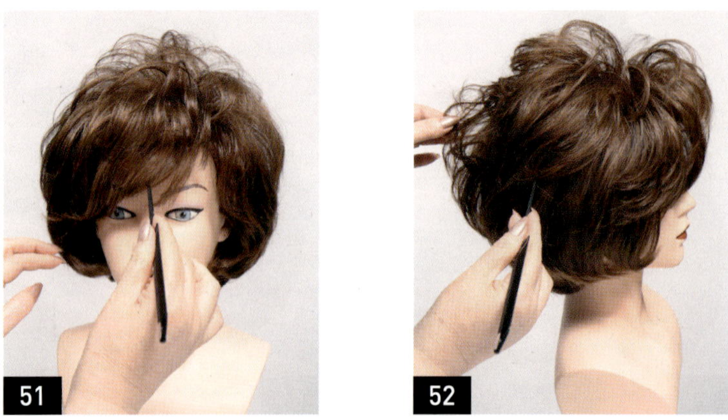


**51~52.** 꼬리빗을 이용하여 컬을 정리한다.

## 3. 미듐 그래쥬에이션[수평 아웃 컬 드라이(Medium Graduation Horizontality Out curl Dry)]

완성형 – 앞

완성형 – 옆

완성형 – 뒤

완성형 – 옆

**1~3.** 시술 전

**4~6.** 블로킹 6등분

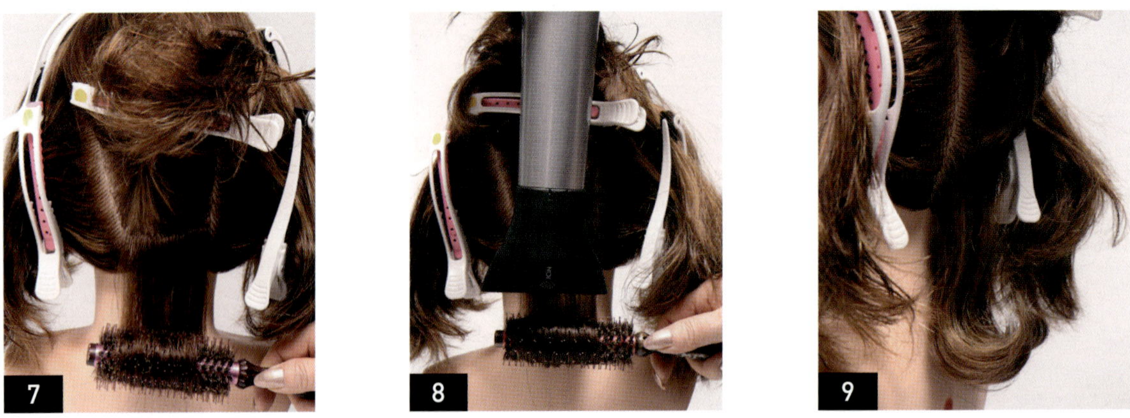


**7~9.** 자연각도 0° 로 모발 끝 부분을 아웃 컬로 한 바퀴 감아 여러 번 롤링 후 상단부와 하단부에 열을 준 뒤 롤을 회전하면서 빼준다.

**10~12.** 아래 섹션과 동일한 방법으로 드라이한다.

**13~18.** 두상각 90° 로 롤을 넣어 크게 원을 그리듯 회전하여 인 컬로 드라이한다.

**19~21.** 왼쪽 백 사이드는 수평 파팅으로 나눈 뒤 자연각도 0° 로 모발 끝부분 아웃 컬로 한 바퀴를 감아 여러 번 롤링 후 상단부와 하단부에 열을 준 뒤 롤을 회전하면서 빼준다.

**22~24.** 두상각 90° 로 롤을 넣어 크게 원을 그리듯 회전하여 인 컬로 볼륨을 살려 드라이한다.

**25~30.** 반대쪽 사이드와 동일하게 작업한다.

**31~33.** 사이드는 후대각 파팅, 자연각도 0° 로 아웃 컬로 롤을 말아 상단부와 하단부를 번갈아 가며 드라이한다.

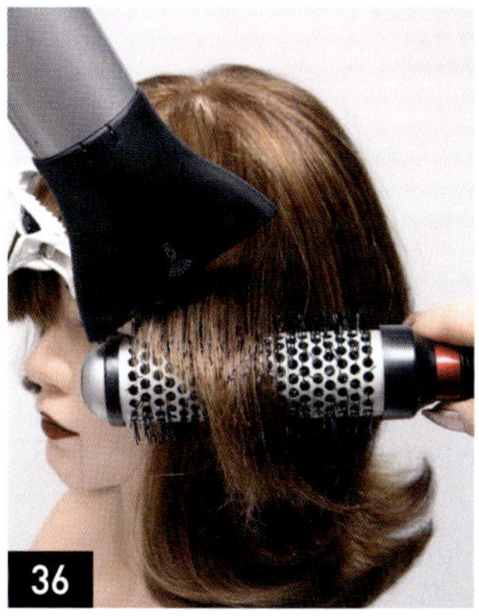


**34~36.** 반대쪽 사이드와 동일하게 시술한다.

**37~39.** 프린지 부분은 낮은 각도로 인 컬로 말아 드라이한다. F.S.P 부분은 아웃 컬 다이애거널 방향으로 말아 드라이하여 뒤로 빼준다.

**40.** 스프레이로 스타일을 고정한다.

## 4. 숏 그래쥬에이션[인 컬 드라이(Short Graduation Dry)]

완성형 – 앞

완성형 – 옆

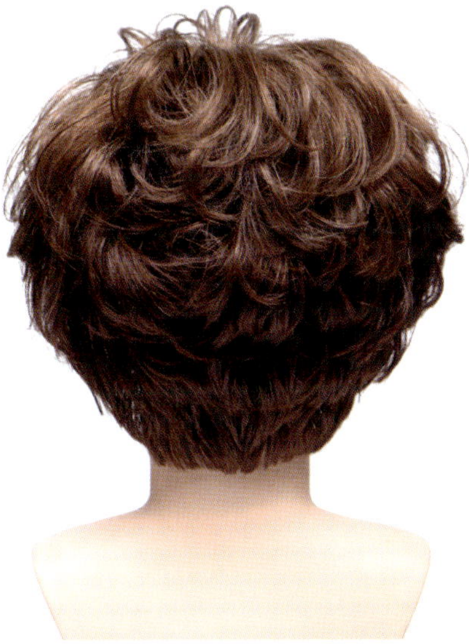

완성형 – 뒤

완성형 – 옆

완성형 – 옆

완성형 – 옆

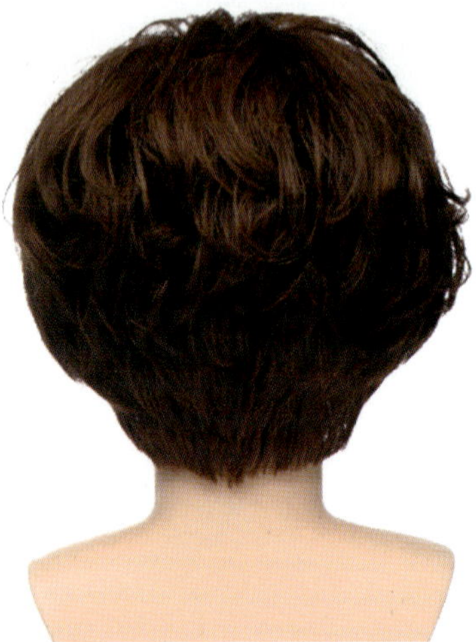

완성형 – 뒤

완성형 – 옆

1

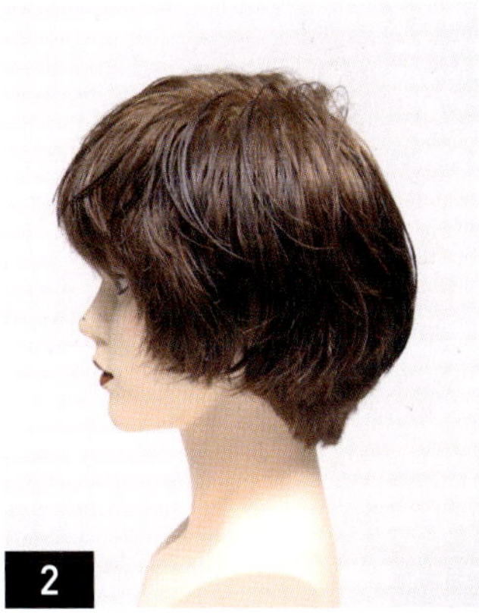
2

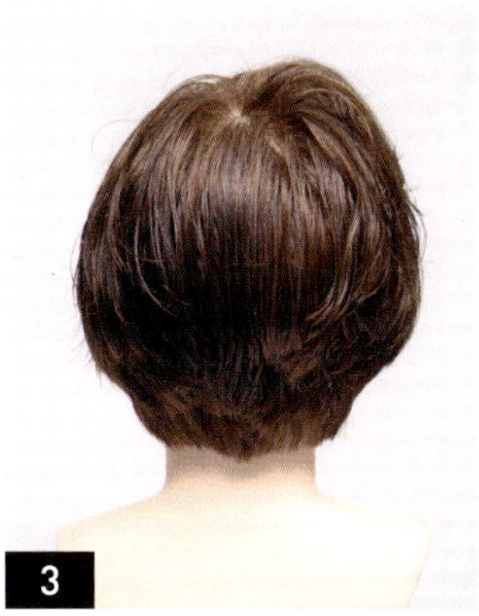
3

1~3. 시술 전

4

5

6

4~6. 크레스트 부분까지 전기셋팅으로 와인딩(전기셋팅을 하는 이유 : 탄력 있는 볼륨과 컬 형성)

7

8

9

7~9. 세팅을 풀러 놓은 모습

**10~12.** 네이프 부분은 모발 위에서 롤을 회전하면서 뿌리 부분을 살짝 눌러 드라이한다.

**13~15.** 백 부분은 온 베이스로 잡아 모근에서부터 상반부 판넬에 열을 주면서 모발 끝까지 드라이한다.

**16~18.** 두상각 90° 로 들어 올려 크게 회전하면서 드라이한다.

**19~21.** 백 사이드는 수평 파팅 온 베이스로 들어 롤을 회전하면서 C 컬 드라이하면서 얼굴 방향으로 롤을 빼준다.

**22~24.** 후대각 리버스 방향으로 드라이한 뒤 S.C.P 부분의 모발을 잡아 아웃 컬로 드라이한다.

**25~27.** 반대쪽 백 사이드와 동일하게 작업한다.

**28~30.** 온 베이스 수평으로 롤을 말아 후대각으로 롤 방향을 틀은 뒤 포워드로 드라이한다. S.C.P 부분의 모발을 잡아 아웃 컬로 드라이한다.

**31~36.** 프린지 부분은 인 컬로 드라이한 후 오른쪽 사선방향으로 롤을 회전하면서 모발 끝까지 드라이한다.

**37~39.** 왁스와 오일을 1 : 1 비율로 혼합하여 모발 전체에 도포하면서 스타일링 하고 스프레이로 고정한다.

## 5. 미듐 레이어[후대각 아웃 컬 드라이(Diagonal Out Curl Dry)]

완성형 – 앞

완성형 – 옆(오른쪽)

완성형 – 뒤

완성형 – 옆(왼쪽)

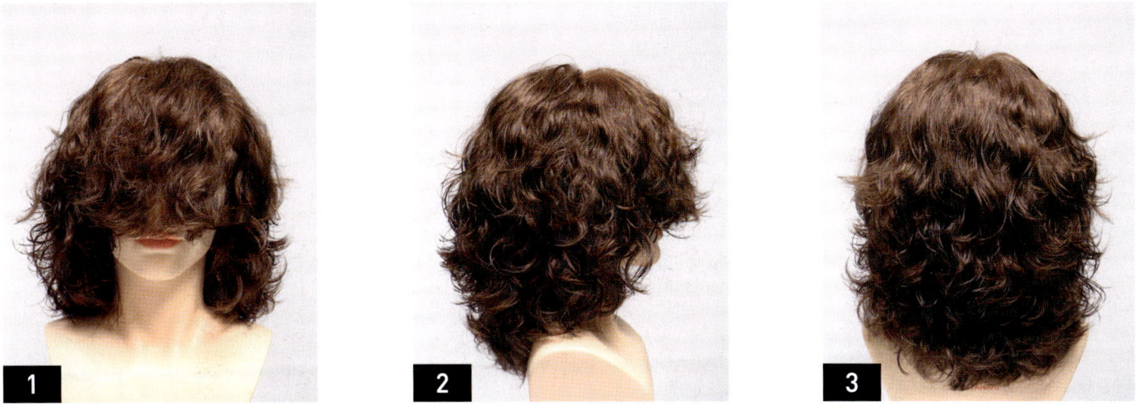


**1~3.** 시술 전

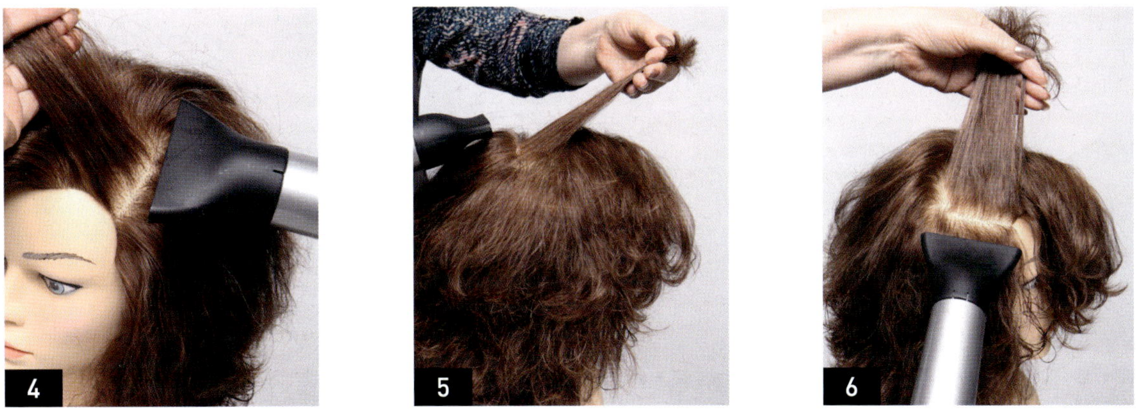


**4~6.** 인테리어 부분을 사이드는 수평, 백 사이드는 전대각, 백 부분은 수평으로 섹션을 나누어 두상각 180° 로 들어 올려 드라이 열을 주어 전체적으로 볼륨을 준다.

**7~9.** 왼쪽 가르마를 나누어 사선으로 빗질하여 반대방향으로 밀어주어 볼륨을 살린 뒤 드라이 열을 준다.

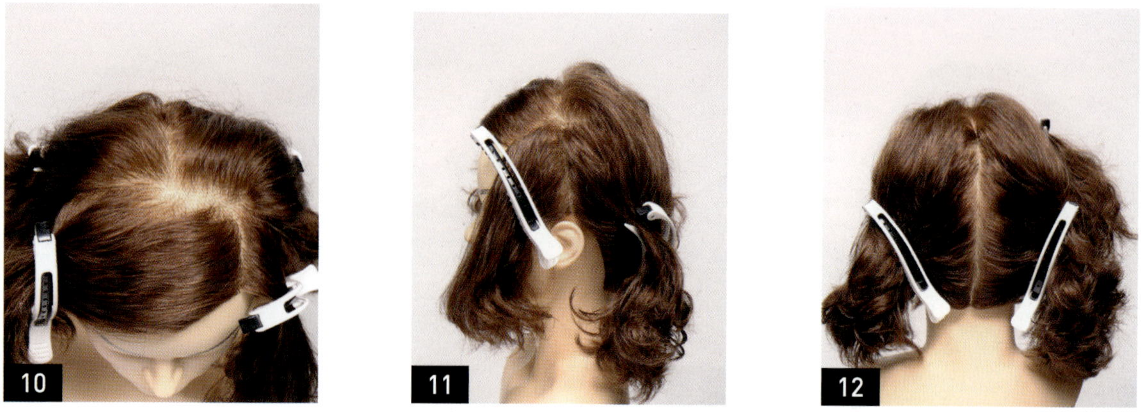

**10~12.** 5등분으로 블로킹을 나눈다.

**13~15.** 후대각 섹션, 롤 방향도 후대각으로 하여 아웃 컬로 와인딩하여 상단부와 하단부에 열을 주어 드라이한다.

**16~18.** 아래 섹션과 동일한 방법으로 드라이 하되 롤을 회전하면서 모발 끝까지 열을 주며 리버스 방향으로 롤을 빼준다.

**19~21.** 사이드는 후대각 섹션, 롤 방향은 다이애거널로 잡아 롤링한 후 리버스 방향으로 롤을 빼면서 드라이한다.

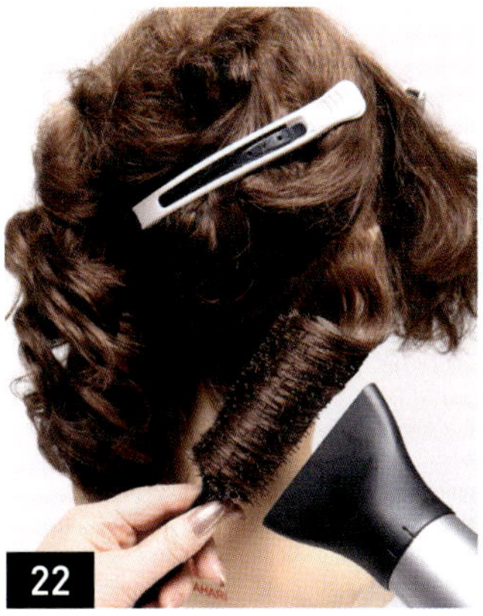

**22~24.** 후대각 섹션, 롤 방향도 후대각으로 아웃 컬로 와인딩 하여 상단부와 하단부에 열을 주어 드라이한다.

**25~27.** 사이드는 후대각 섹션, 롤 방향은 다이애거널로 잡아 롤링한 후 리버스 방향으로 롤을 빼면서 드라이한다.

**28~30.** 프린지는 사선 섹션으로 나누어 사이드와 연결해 아웃 컬로 와인딩하여 드라이한다. 롤을 아래 방향으로 빼주면서 모발 끝까지 드라이한다.

**31~33.** 양면 브러시를 이용해 프린지 모근부위를 사선으로 들어 드라이로 볼륨을 주고 스프레이로 고정한다.

**34~36.** 프린지 부분을 잡아 드라이 열로 고정한다.

## 6. 숏 커트[버티컬 리버스 드라이(Short Cut Vertical Reverse Dry)]

완성형 – 앞

완성형 – 옆

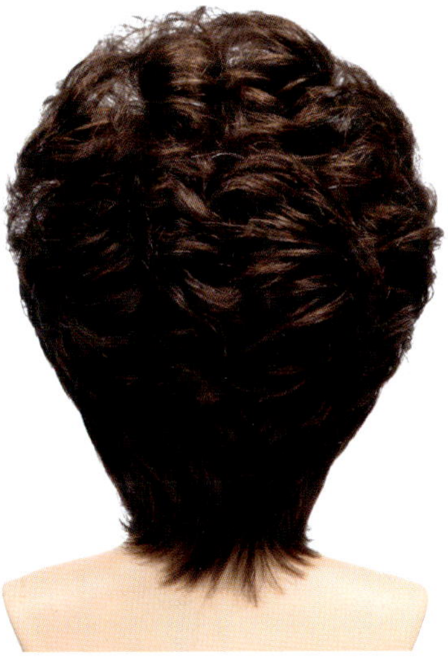

완성형 – 뒤

완성형 – 옆

1

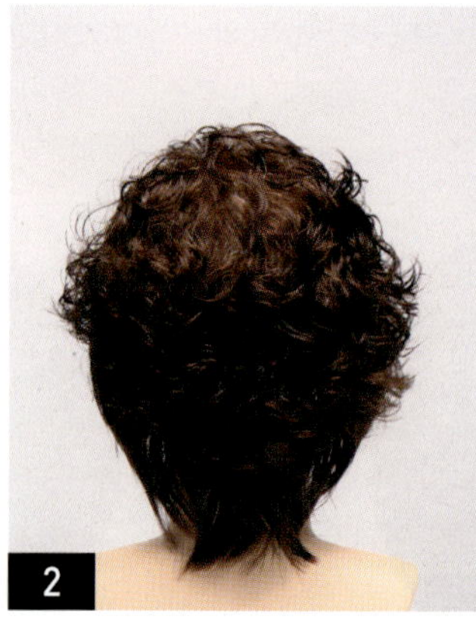
2

3

**1~3.** 시술 전

4

5

6

**4~6.** C.P 가르마를 중심으로 온 베이스 90° 로 들어 올려 롤에 모발을 감아준다.

7

8

9

**7~9.** 드라이 노즐 부위가 모근에서 45° 위로 향하게 하여 열을 준다.

**10~12.** 스트렌드에 텐션을 주면서 모발을 감아 리버스 방향으로 롤링한 후 3초간 열을 식힌 뒤 롤을 빼준다.

**13~15.** 왼쪽 F.S.P에서 후대각 섹션을 나누어 인 컬로 드라이한다.

**16~18.** E.line 을 따라 인 컬로 롤링한 후 얼굴 방향으로 롤을 뺀다.

**19~24.** C.P 가르마를 중심으로 온 베이스 90° 로 들어 올려 리버스 방향으로 롤을 감아 드라이한다. 후두부는 위와 동일한 방법으로 버티컬 섹션 리버스 방향으로 드라이한다.

**25~27.** 탑 부분은 수평으로 섹션을 나누어 두상각 90° 로 롤을 넣어 모근에 열을 준 뒤 롤을 회전하면서 뒤로 롤을 빼주면서 모발 끝까지 드라이한다.

**28~30.** 오른쪽 사이드도 탑과 연결하여 버티컬 섹션, 리버스 방향으로 드라이한다.

**31~36.** 사선 섹션, 오프 베이스로 드라이하여 얼굴 반대 방향으로 롤을 빼면서 드라이한다.

**37~39.** E.line인 컬로 드라이하면서 얼굴 방향으로 롤을 뺀다.

**40~4**2. 드라이 롤을 모발 위에 놓고 뿌리를 살짝 눌러 C 컬로 드라이하고 꼬리빗을 이용해 컬을 손질한다.

## 제2장 플랫 아이론 스타일

### 1. 숏 그래쥬에이션[인 컬 아이론(Short Graduation In Curl Iron)]

완성형 - 앞

완성형 - 옆(오른쪽)

완성형 - 뒤

완성형 - 옆(왼쪽)

완성(자연스러운 C 컬 드라이)

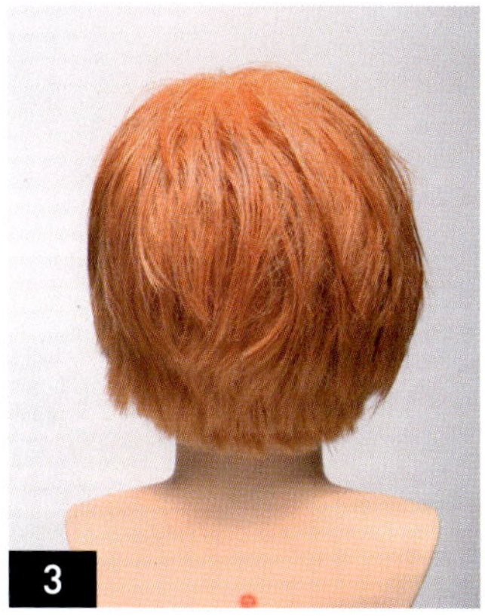


**1~3.** 시술 전

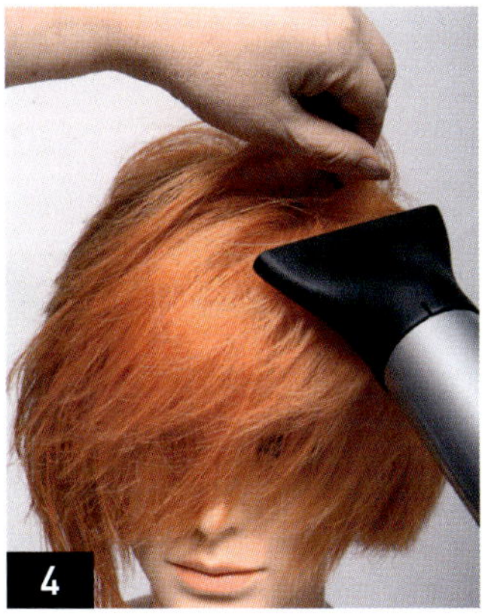

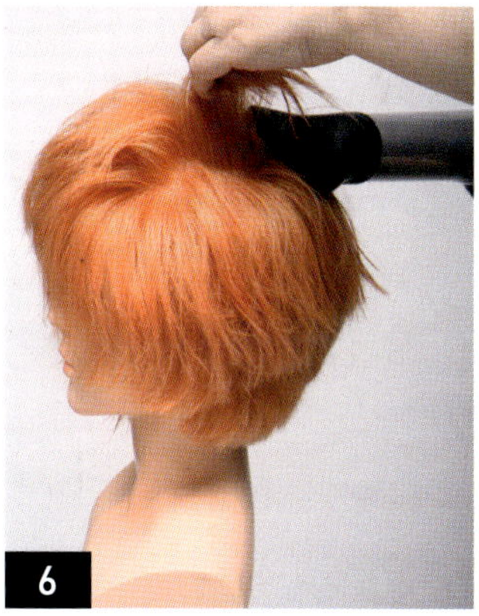


**4~6.** 핸드 드라이를 이용하여 모근부분에 볼륨을 주며 방향감을 잡아준다. 백 부분도 거꾸로 모발을 들어가며 뿌리에 열을 준다.

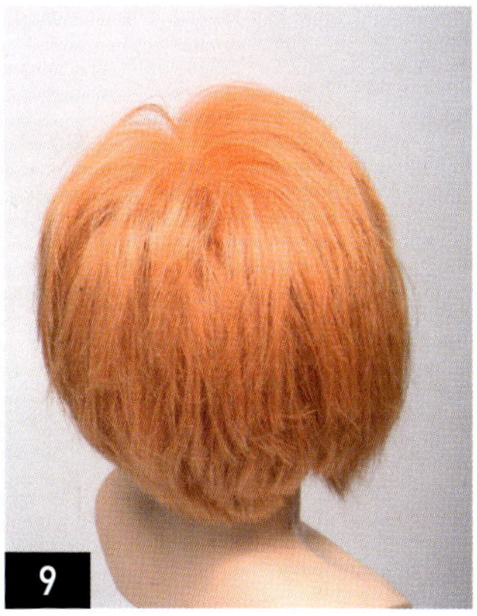


**7~9.** 핸드 드라이한 모습

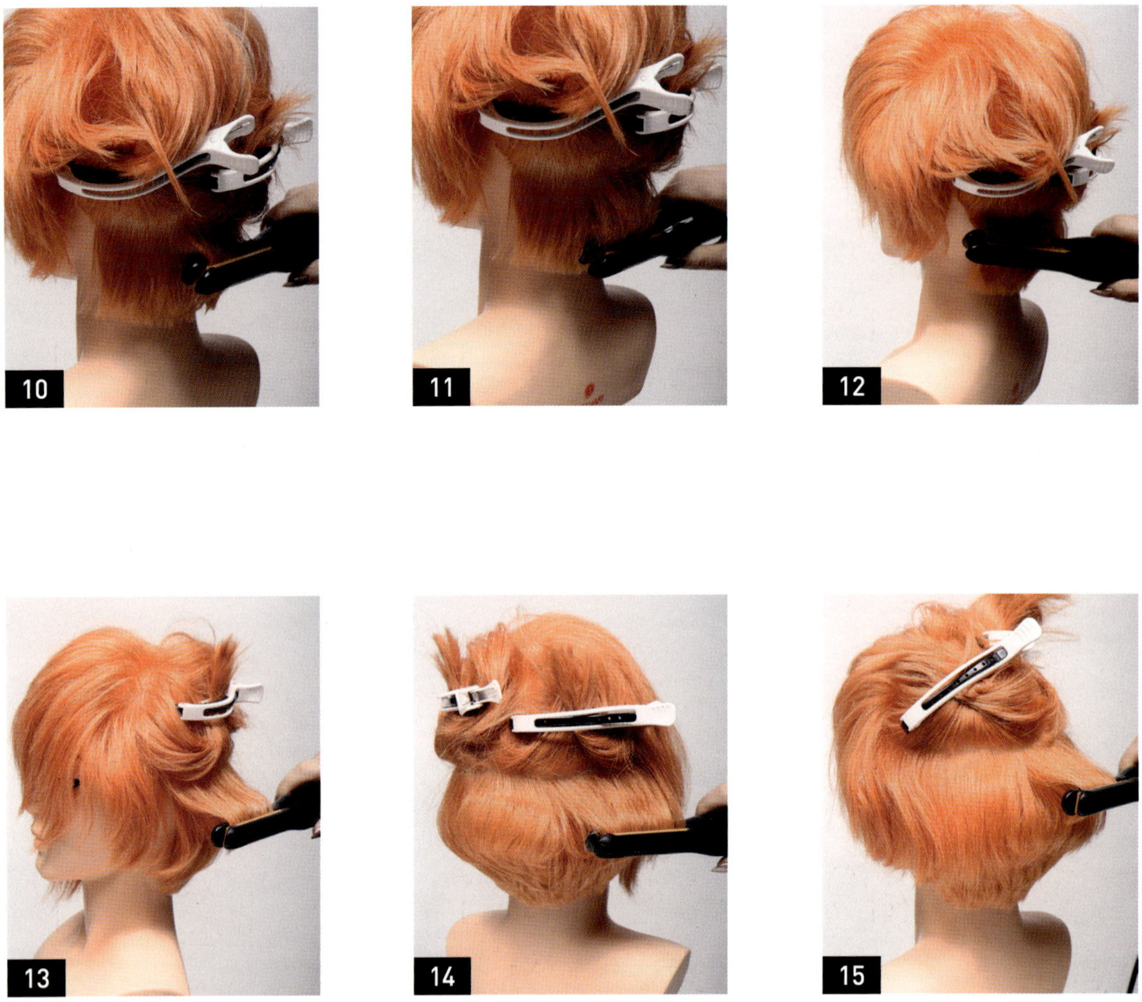


**10~15.** 백 부분은 판넬을 온 베이스로 잡아 가볍게 C 컬로 드라이하여 볼륨을 준다.

**16~18.** 크라운 부분은 센터를 중심으로 리버스 방향으로 C 컬을 만든다.

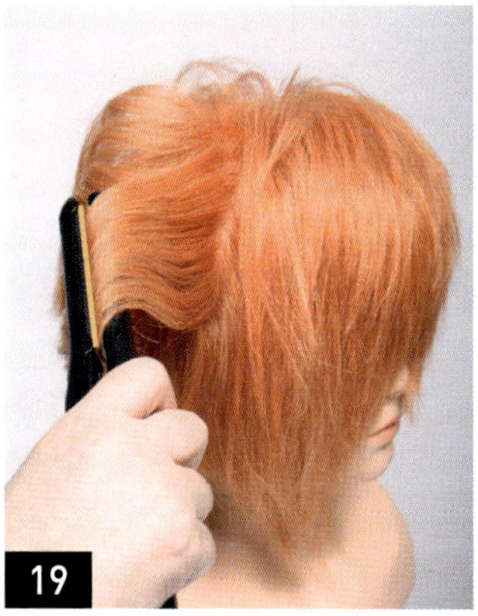

**19~21.** 사이드로 연결하면서 버티컬 파팅, 온베이스로 잡아 리버스 방향으로 반 바퀴 말아 C 컬 드라이한다.

**22~24.** 프린지 부분에서 오른쪽 방향으로 모발 끝을 빼면서 C 컬로 드라이한다.

**25~27.** TOP 부분은 C 컬로 말면서 후두부 방향으로 모발 끝을 빼준다.

28~33. 온 베이스로 C 컬을 강하게 한 바퀴 말아준다.

34~36. 후두부에서 인테리어 부분은 앞쪽 컬과 연결하면서 시계방향으로 반 바퀴 말아준다.

**37~39.** 버티컬 파팅, C 컬로 와인딩하면서 왼쪽 사이드로 진행한다.

**40~42.** 왼쪽 사이드 부분은 수평 파팅, C 컬로 반 바퀴 말아 모발 끝을 얼굴 방향으로 빼준다.

**43~45.** 동일한 방법으로 진행한 뒤 스프레이로 마무리 한다.

## 2. 롱 레이어[S 컬 아이론(Long Layer S Curl Iron)]

완성형 – 앞

완성형 – 옆(오른쪽)

완성형 – 뒤

완성형 – 옆(왼쪽)

**1~3.** 시술 전

**4~6.** 백 부분을 수평 파팅으로 세팅 와인딩

**7~9.** 세팅 후 모습

**10~12.** 사이드와 백 부분으로 3등분 블로킹

**13~15.** 광택 스프레이 도포 후 손으로 웨이브를 풀어준다.

**16~21.** 인테리어 부분을 수평 파팅으로 잡아 오른쪽 방향 45° 로 틀어 C 컬을 그리며 내려온 뒤 모발을 모근쪽으로 살짝 밀어주어 식혀 C 컬을 뚜렷하게 잡는다.

**22~24.** 왼쪽 45° 로 틀어 C 컬을 그리며 모발 끝까지 내려온다.

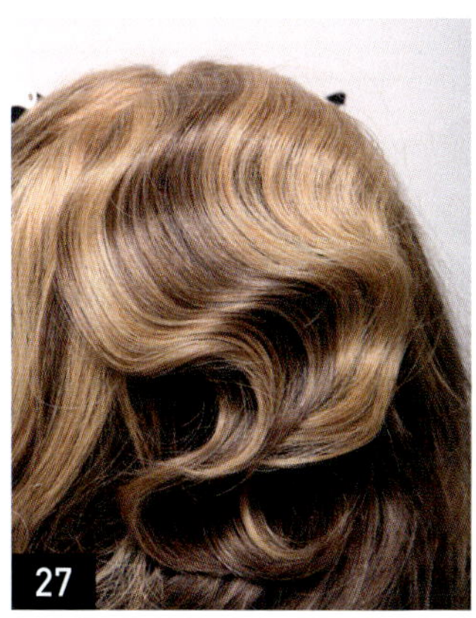


**25~27.** 모발의 모발 끝에서 1/3을 잡아 모근쪽으로 살짝 밀어 C 컬을 만든 후 C 컬의 중앙을 아이론으로 잡아 뚜렷한 S 컬을 만든다.

**28~30.** 동일한 방법으로 백 사이드를 시술한다.

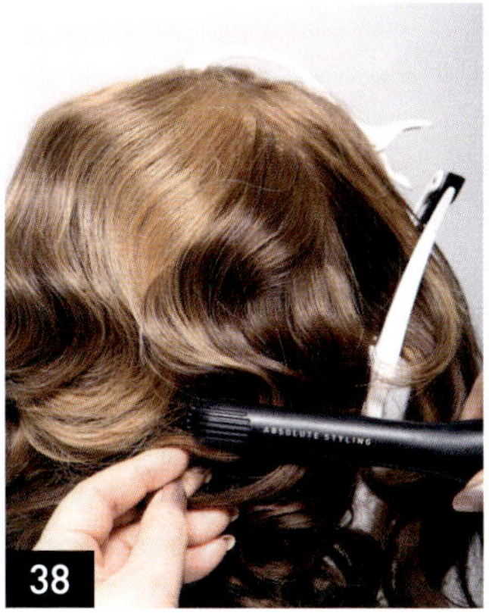

**31~39.** 반대쪽 백 사이드도 동일하게 시술하되 센터 부분과 웨이브 위치가 동일하게 떨어지도록 S 컬을 잡아준다.

**40~42.** 사이드 첫 번째 파팅은 포워드 방향, 인 컬로 말아준다.

**43~45.** 모근 부위를 C 컬로 말아 뿌리에 볼륨을 준다.

46

47

48

49

50

51

**46~51.** 모근 부위에 오른쪽 방향으로 볼륨을 준다. 왼쪽 방향으로 C 컬을 그리며 모발은 2/3을 내려온다.

52

53

54

**52~57** 아래와 동일한 방법으로 아래 S 컬에 맞추어 드라이한다.

**58~60.** 사이드 첫 번째 섹션은 포워드 방향, 인 컬로 말아준다.

**61~66.** 모근 부위를 C 컬로 말아 뿌리에 볼륨을 준 뒤 S 컬을 그리며 내려온다. 모근 부위를 온 베이스로 들어 볼륨을 준다.

## 3. 웨이브 지라시

완성형 – 앞

완성형 – 옆(오른쪽)

완성형 – 뒤

완성형 – 옆(왼쪽)

**1~3.** 시술 전

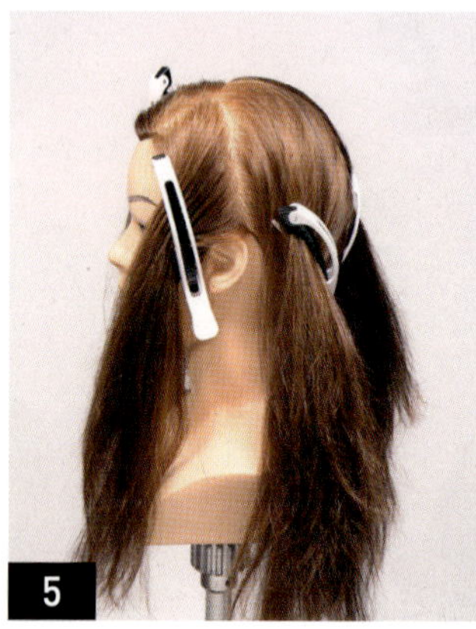

**4~6.** 4등분 블로킹

**7~9.** 모발 1/2지점부터 45° 각도, 리버스 방향으로 반 바퀴 말아 내려오다 모발 끝의 1/3 지점을 손으로 잡아 오른쪽 방향으로 모발 끝까지 빼준다.

**10~12.** 스트렌드에 텐션을 주면서 모발을 감아 리버스 방향으로 롤링한 후 3초간 열을 식힌 뒤 롤을 빼준다.

**10~15.** 아래 판넬과 웨이브의 위치를 맞추어 아이론 45° 각도로 동일하게 시술한다.

**16~18.** E.line 을 따라 인 컬로 롤링한 후 얼굴 방향으로 롤을 뺀다.

19

20

21

**16~21.** 탑 부분도 동일하게 아래 판넬과 웨이브 위치를 맞추어 45° 각도로 반 바퀴 말아 내려오다 모발 끝의 1/3 지점을 손으로 잡아 오른쪽 방향으로 모발 끝까지 빼준다.

22

23

24

**22~24.** 모발 1/2 지점부터 45° 각도, 리버스 방향으로 반 바퀴 말아 내려오다 모발 끝의 1/3 지점을 손으로 잡아 오른쪽 방향으로 모발 끝까지 빼준다.

25

26

27

28

29

30

**25~30.** 아래 판넬과 웨이브의 위치를 맞추어 45° 각도, 리버스 방향으로 동일하게 시술한다.

31

32

33

**31~33.** 탑 부분도 동일하게 아래 판넬과 웨이브 위치를 맞추어 45° 각도로 반 바퀴 말아 내려오다 모발 끝의 1/3 지점을 손으로 잡아 오른쪽 방향으로 모발 끝까지 빼준다.

34

35

36

**34~39.** 후대각 섹션 다시 모발 중간부터 45° 방향으로 반 바퀴 뒤집어 잡고 모발 끝에 열을 준다.

**40~4**5. 모발을 S 컬로 드라이 후 모발 끝 1/3을 잡고 45° 아웃 컬을 만들어 자연스럽게 연결되도록 한다.

**46~48.** 오른쪽 사이드는 후대각 섹션 다시 모발 중간부터 45° 방향으로 반 바퀴 뒤집어 잡고 모발 끝에 열을 준다.

**49~51.** 모근에 볼륨을 주면서 S 컬 드라이한다.

**52~53.** 탑 부분의 모발을 들어 스프레이 도포 후 열을 주어 볼륨을 살려준다.

# 제3장 반 원형(반달) 아이론 스타일

## 1. 스파니엘[앞머리 물결 웨이브 + 뒷머리 J 컬]

완성형 - 앞

완성형 - 옆(오른쪽)

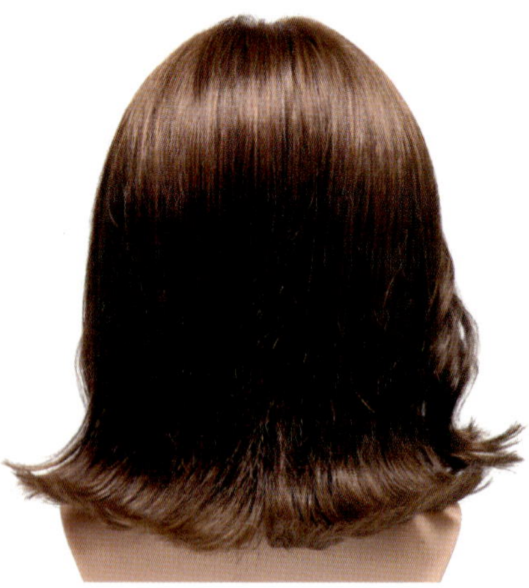

완성형 - 뒤

완성형 - 옆(왼쪽)

**1~3.** 시술 전

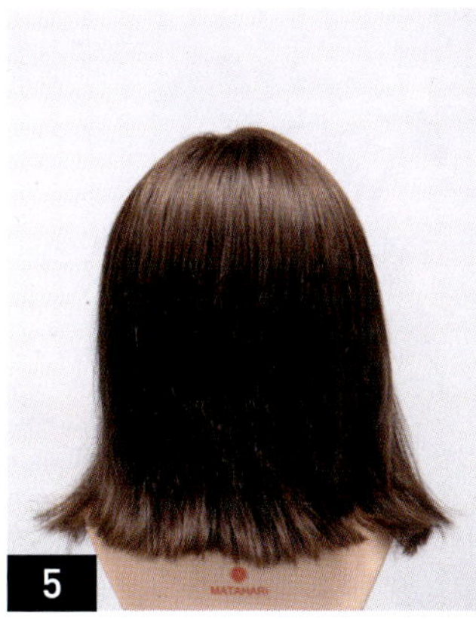
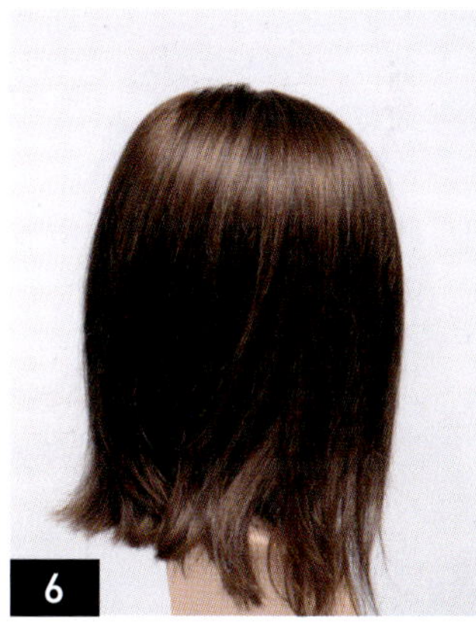

**4~6.** 사전 드라이로 뿌리 볼륨을 살린다.

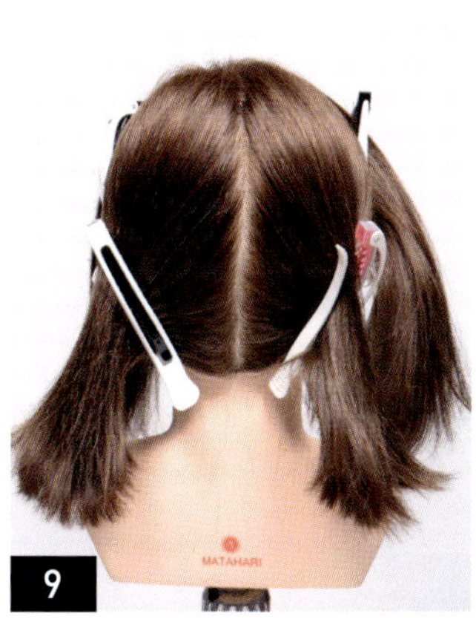

**7~9.** 블로킹 : 왼쪽 사이드 가르마 ear to ear, 후두부 센터 파트

**10~12.** 자연 시술각 0° 로 모발 끝부분 5cm를 아웃 컬로 만든다.

**13~15.** 백 포인트 부분부터 플랫 아이론을 수직으로 내리다가 모발 끝 5cm에서 수평으로 꺾어 자연스럽게 쓸어내려 J 컬을 만들어준다.

**16~21.** 탑 부분은 포물선을 그리듯이 C 컬로 내려오다 끝 부분 5cm에서 아웃 컬 J 컬을 만든다.

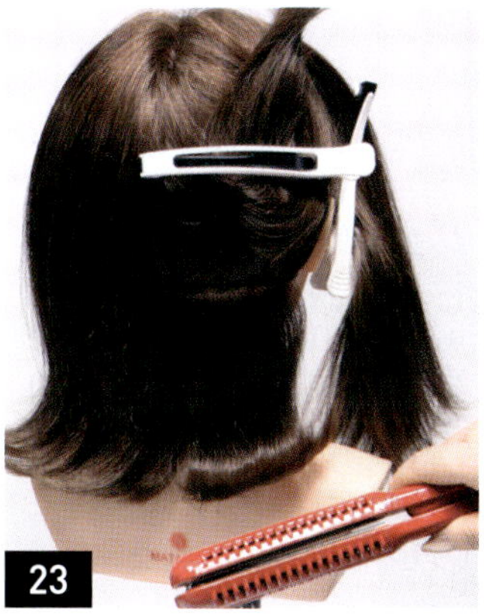

**22~24.** 왼쪽과 동일하게 자연 시술각 0° 로 모발 끝부분 5cm를 아웃 컬로 만든다.

**25~27.** 백 포인트 부분부터 플랫 아이론을 수직으로 내리다 모발 끝 5cm 정도에서 수평으로 꺾어 자연스럽게 쓸어내려와 J 컬을 만들어준다.

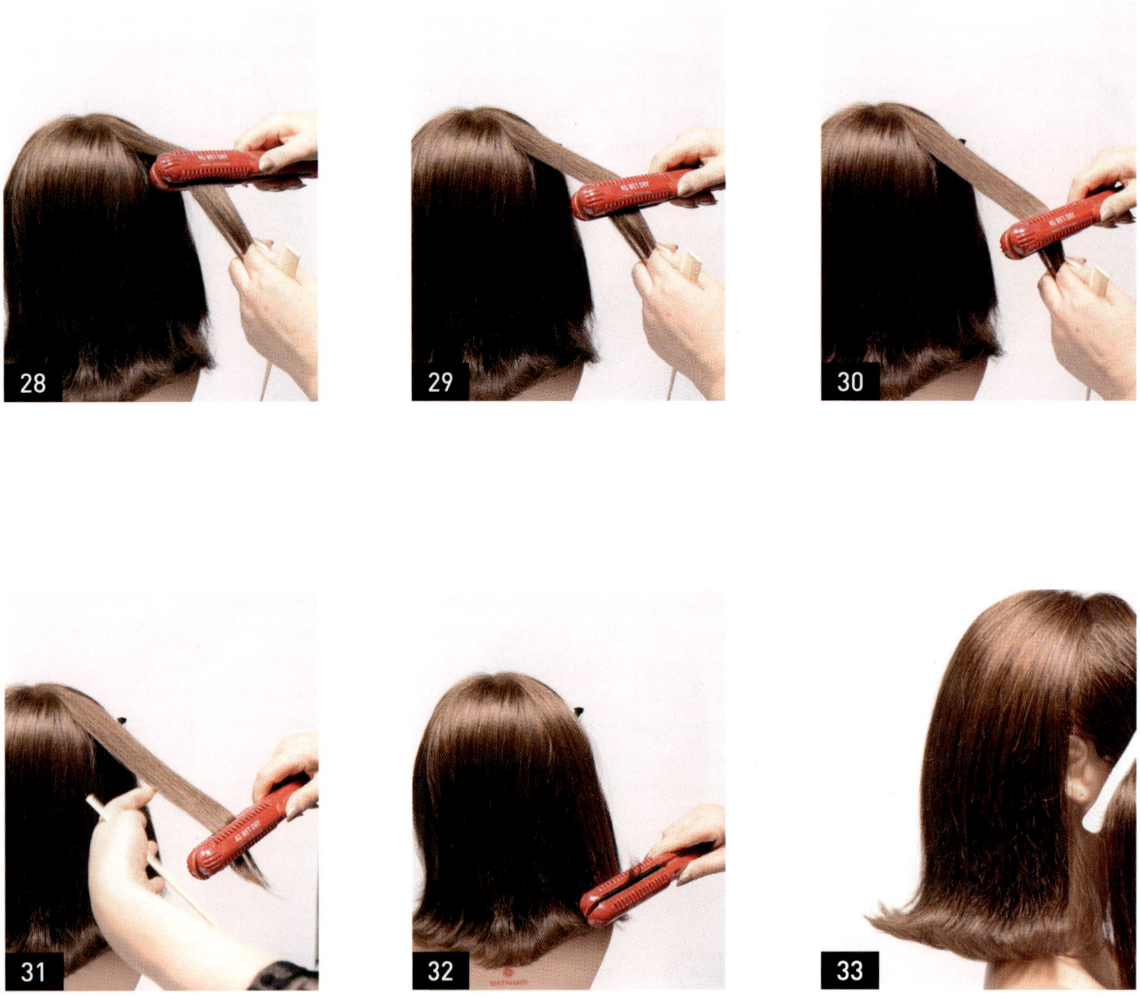


**28~33.** 탑 부분은 포물선을 그리듯이 C 컬로 내려오다 끝 부분 5cm에서 아웃 컬 J 컬을 만든다.

**34~36.** 왼쪽 사이드는 버티컬 리버스 방향, 다이애거널로 와인딩한다.

**37~38.** 모발을 풀러주고 잡아당겨 늘어뜨려 원하는 웨이브의 굵기를 만든다.

**39~41.** 앞과 동일한 방법으로 시술한다.

**42~43.** 오른쪽 사이드도 반대쪽 사이드와 동일하게 리버스 컬로 시술한다.

**44~46.** 프린지 부분도 버티컬 리버스 방향, 다이애거널로 와인딩하여 손으로 웨이브를 풀어 빗질한다.

## 2. 비대칭 스파니엘[앞머리 S 컬+ 인 컬 아이론]

완성형 – 앞

완성형 – 옆(오른쪽)

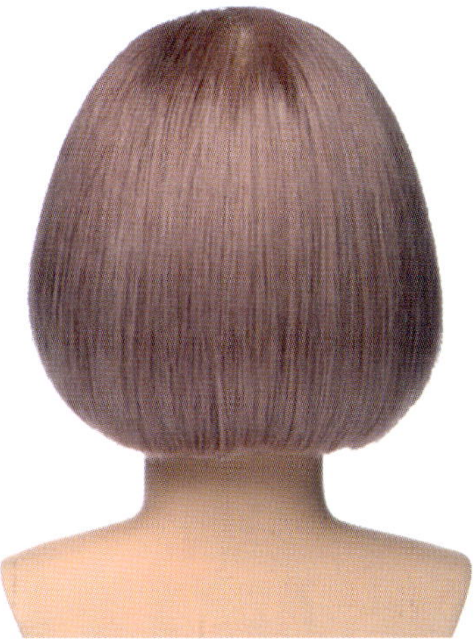

완성형 – 뒤

완성형 – 옆(왼쪽)

완성형 – 옆

완성형 – 옆

완성형 – 뒤

완성형 – 옆

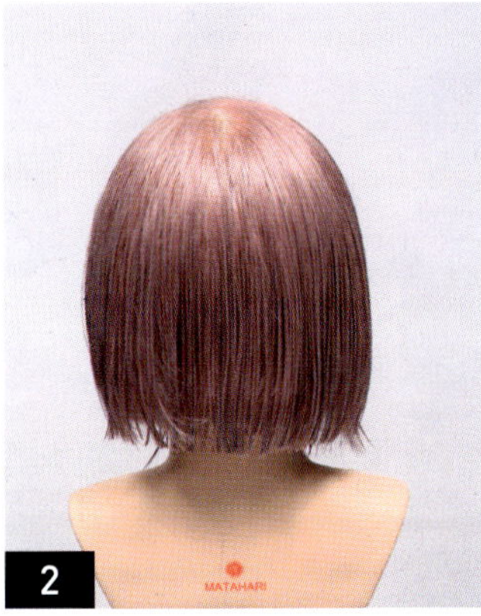

**1~3.** 시술 전

**4.** 왼쪽 사이드 가르마 부분을 왼쪽으로 밀어주어 볼륨을 준 뒤 열을 준다.

**5~7.** 온 베이스로 롤을 넣어 모근 부위 볼륨을 살려준다.

**8~10.** 온 베이스로 롤을 넣어 모근 부위 볼륨을 주면서 겉 모발을 윤기 있게 드라이한다.

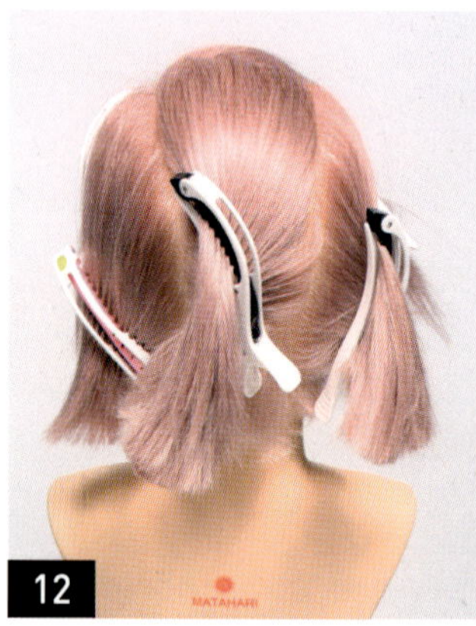

**11~13.** 5등분 블로킹

**14~16.** 수평 파팅, 온 베이스로 잡아 모발 끝 5cm에서 반 바퀴 말아 C 컬로 드라이한다.

**17~19.** G.P 위치부터 가볍게 스트레이트로 내려오다가 모발 끝 5cm에서 반 바퀴 말아 C 컬로 드라이한다.

**20~25.** 왼쪽 백 사이드도 백 센터 부분과 동일하게 아이론 드라이한다.

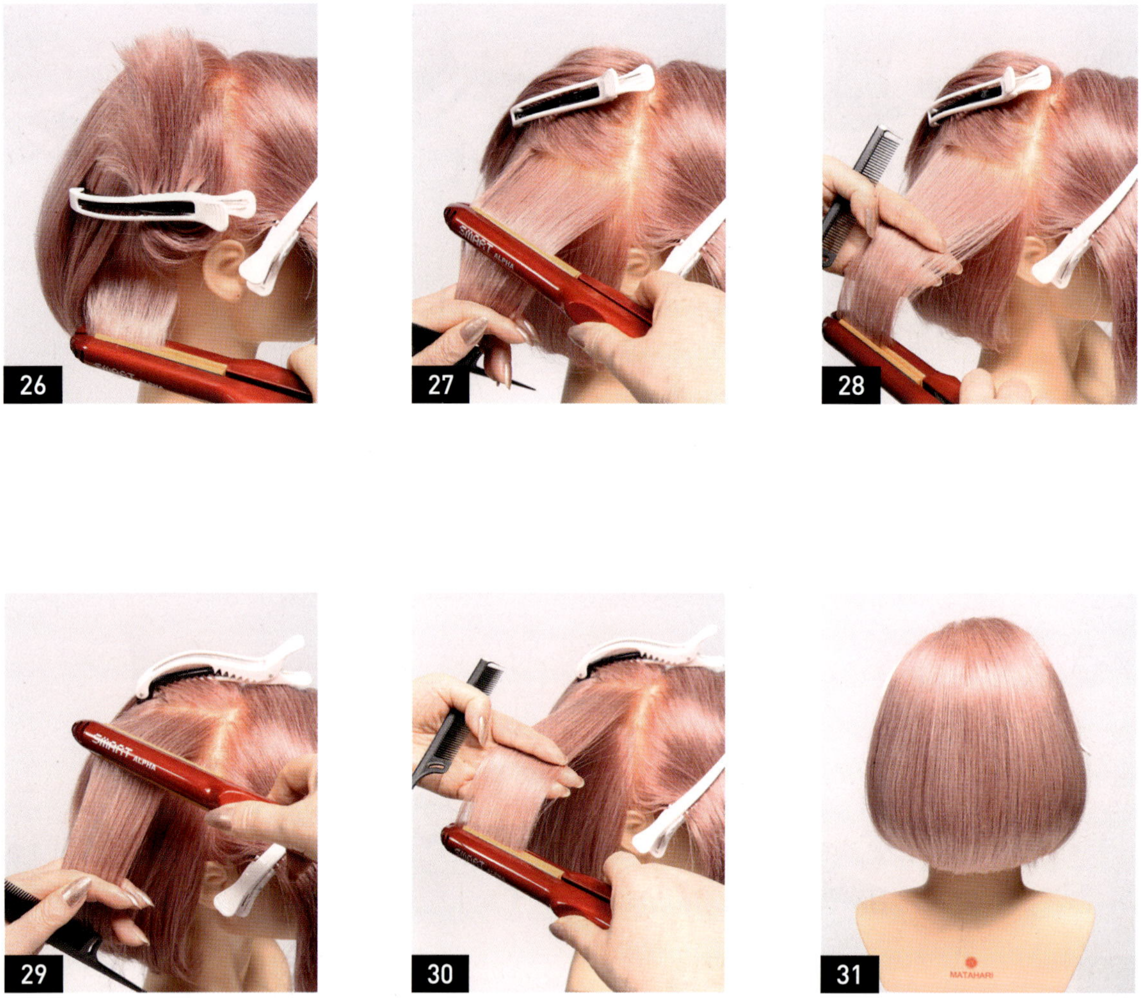


**26~31.** 오른쪽 백 사이드도 백 센터 부분과 동일하게 아이론 드라이한다.

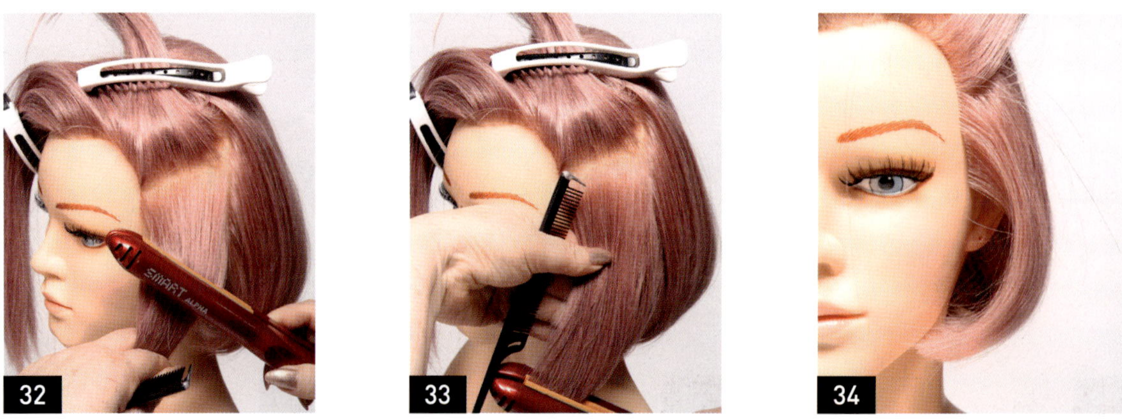


**32~34.** 왼쪽 사이드 수평 파팅, 사선으로 아이론이 들어가 C 컬을 그리며 포워드 방향으로 머리 끝을 빼준다.

**35~37.** 왼쪽 사이드 사선으로 아이론이 들어가 C 컬을 그리며 포워드 방향으로 머리 끝을 빼준다.

**38~40.** 수평 파팅, 모발 끝 5cm에서 아웃 컬로 드라이한다.

**41~43.** 포워드 방향으로 크게 C 컬을 그리며 드라이한다.

**44~46.** 오른쪽으로 당기며 C 컬, 왼쪽 방향으로 반달 반 바퀴로 감아 모발 끝까지 쓸어준다.

**47~49.** 모발 중간 부분부터 왼쪽으로 끌어당기며 C 컬을 그리며 모발 끝까지 쓸어내리고 손으로 잡아 컬을 고정한다.

**50~52.** 오른쪽 방향으로 크게 C 컬을 그리며 내려온다.

**53~54.** 스프레이 도포 후 뿌리 볼륨을 주고 모발을 고정한다.

## 3. 수평 보브[아웃 컬 아이론(Horizontality Vov Out Curl Iron)]

완성형 – 앞

완성형 – 옆(오른쪽)

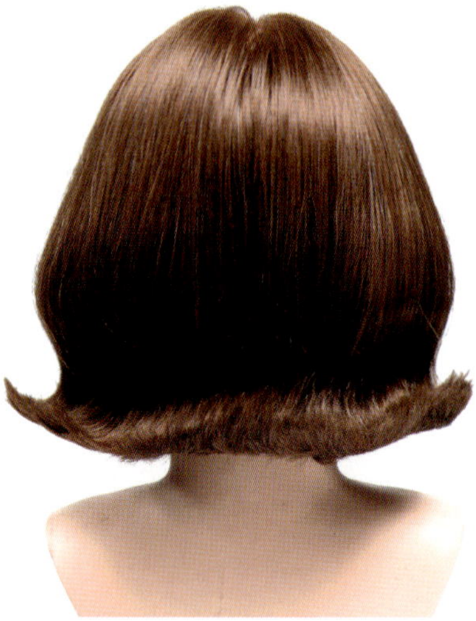

완성형 – 뒤

완성형 – 옆(왼쪽)

완성형 – 옆

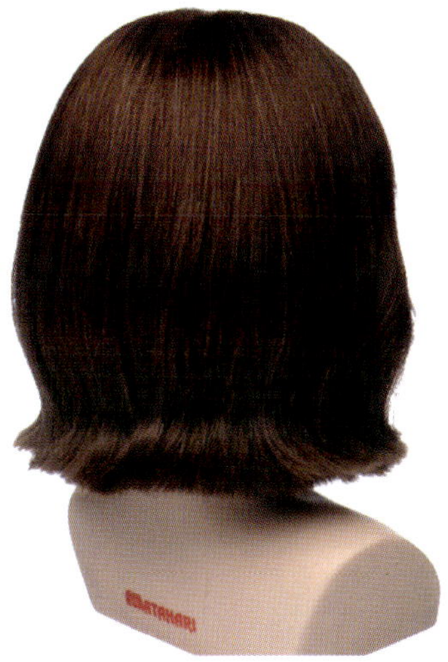

완성형 – 옆(오른쪽)

완성형 – 뒤

완성형 – 옆(왼쪽)

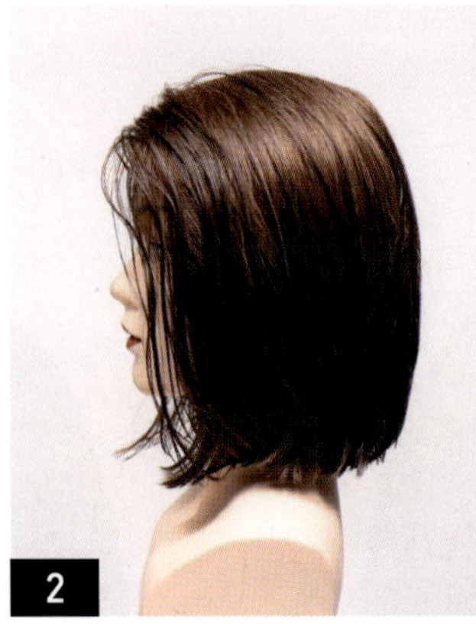
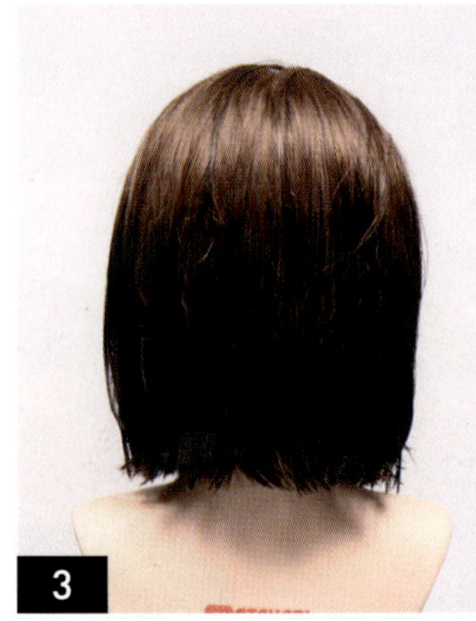

**1~3.** 시술 전

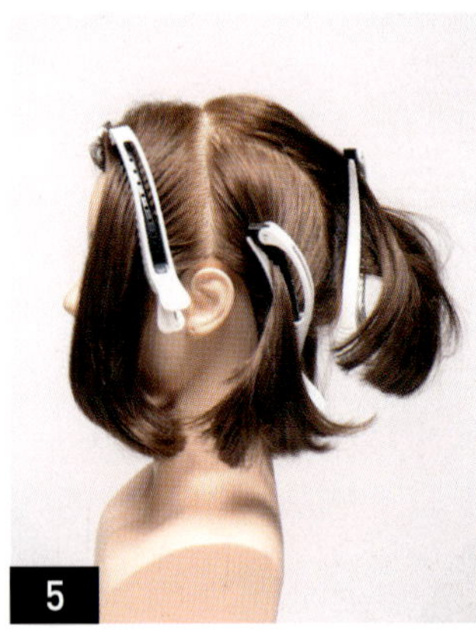

**4~6.** 블로킹 5등분

**7~9.** 네이프 첫 단은 아웃 컬을 강하게 말아준다.

**10~12.** 반달 아이론을 이용해 아웃 컬로 반 바퀴 말아 모발 끝까지 빼준다.

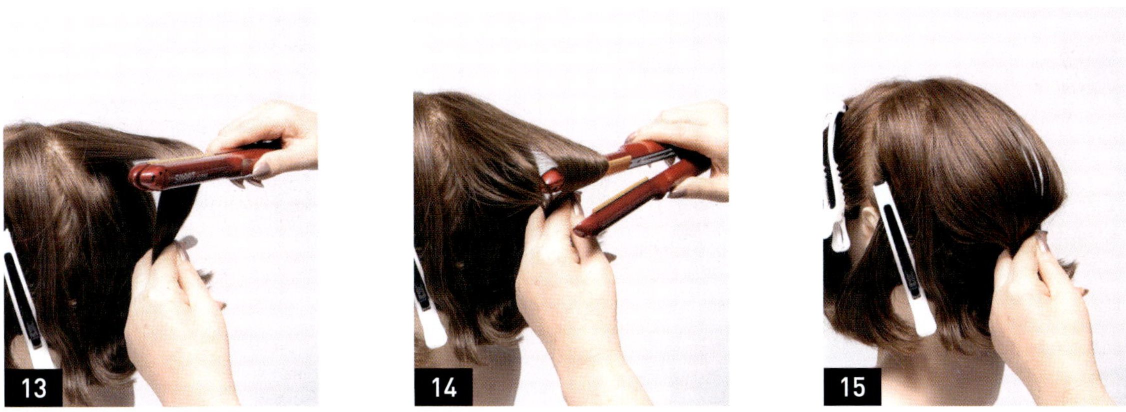


**13~15.** 가장 위 파팅은 볼륨을 주면서 크게 원을 그리며 내려오다 모발의 2/3 지점에서 멈춘다.

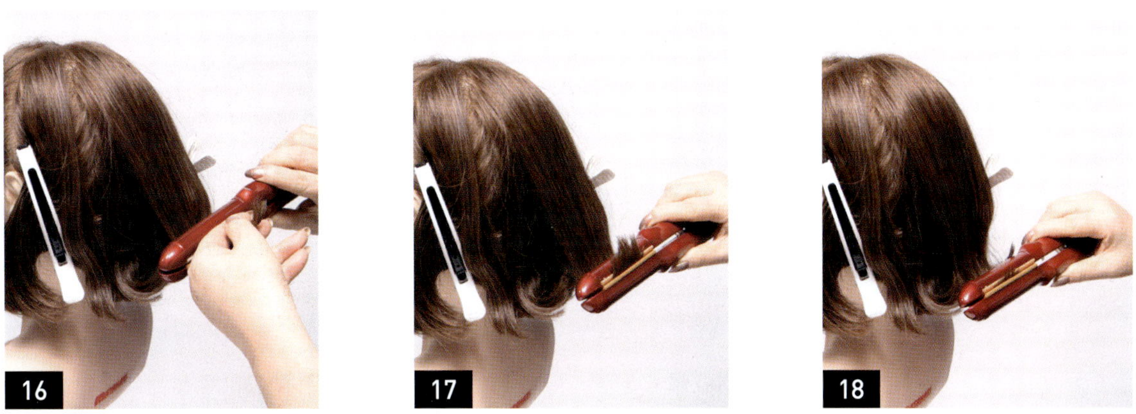


**16~18.** 모발 간격 2/3 지점에서 반달 아이론을 뒤집어 볼록한 쪽이 아래로 향하게 하여 아웃 컬을 만든다.

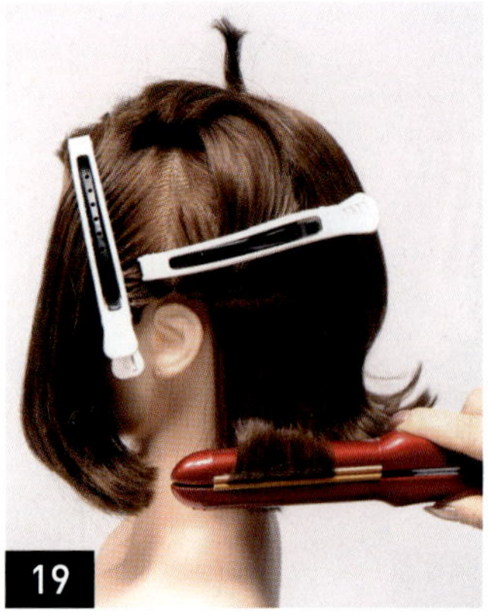

**19~21.** 탑 부분도 동일하게 아래 판넬과 웨이브 위치를 맞추어 45° 각도로 반 바퀴 말아 내려오다 모발 끝의 1/3 지점을 손으로 잡아 오른쪽 방향으로 모발 끝까지 빼준다.

**22~24.** 백 사이드 부분도 센터와 동일하게 자연각도 0° 로 아웃 컬을 만든다. 가장 위 파팅은 볼륨을 주면서 내려와 잡아주고 모발의 2/3 지점에서 아웃 컬을 만든다.

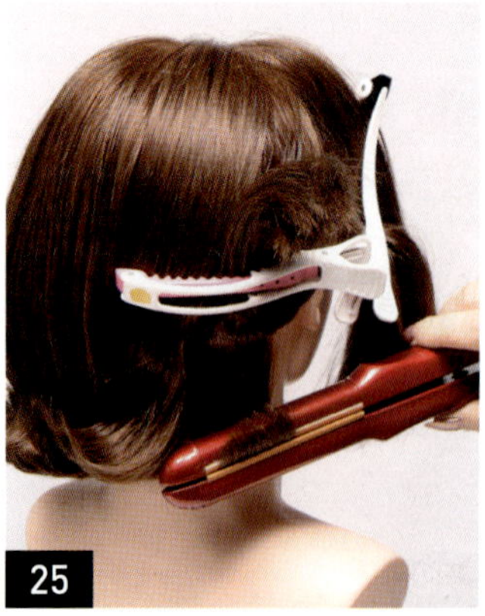

28

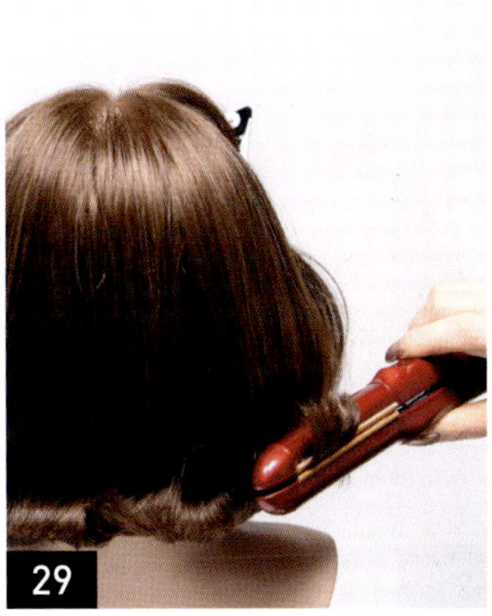
29

30

**25~30.** 반대쪽 백 사이드도 동일하게 진행한다.

31

32

33

**31~33.** 사이드는 모발 간격 2/3 지점에서 인 컬 반 바퀴, 아이론을 뒤집어 아웃 컬 반 바퀴를 시술하여 S 컬을 만들어준다.

34

35

36

**34~39.** 위 파팅도 동일하게 시술하되 아래의 아웃 컬 위치와 맞추어 시술한다.

**40~4**2. 반대쪽 사이드도 동일하게 시술한 후 스프레이로 고정한다.

## 4. 미듐 그래쥬에이션[아웃 컬 아이론(Medium Graduation Out Curl Iron)]

완성형 – 앞

완성형 – 옆(오른쪽)

완성형 – 뒤

완성형 – 옆(왼쪽)

### 약하게 C 컬을 만 모습

완성형 – 앞

완성형 – 옆

완성형 – 뒤

완성형 – 옆

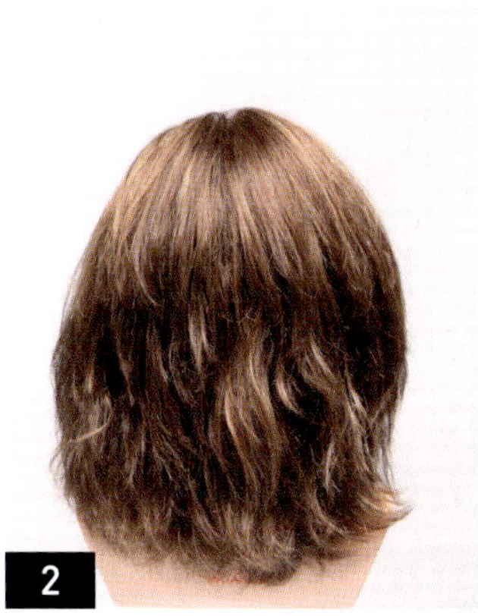

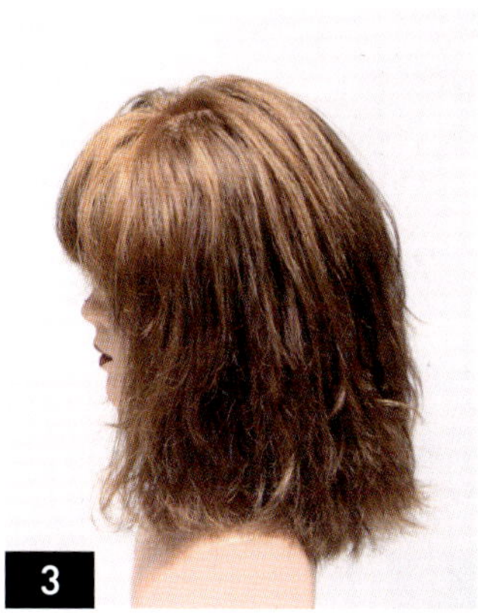


**1~3.** 시술 전

**4~6.** 드라이를 이용해 가볍게 인테리어 부분의 겉 머리를 펴주며 모발에 윤기와 볼륨을 준다.

**7~9.** 블로킹 5등분

**10~12.** 어깨선에 맞추어 모발의 1/2 지점부터 반달 아이론의 볼록한 부분을 아래로 내려 각을 잡은 뒤 아웃 컬로 깊은 C 컬이 되도록 반 바퀴 말아 내려온다.

**13~15.** 모근 부분부터 가볍게 스트레이트로 펴주며 내려온 뒤 아랫단에 맞추어 아웃 컬로 반 바퀴 말아 내려온다.

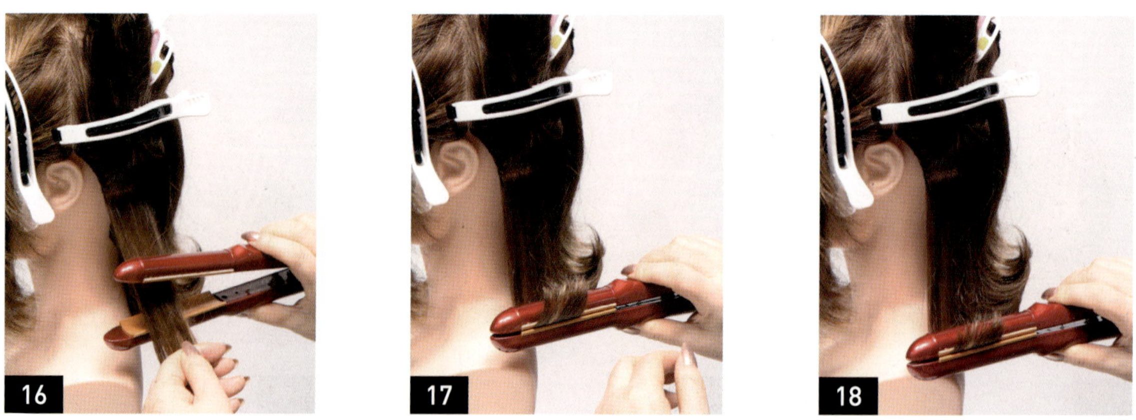

**16~18.** 센터 부분과 동일하게 진행하되 아웃 컬의 위치에 맞추어 아이론을 뒤집어 볼록한 부분이 위로 가게 하여 백 사이드 부분을 반 바퀴 말아준다.

19

20

21

22

23

24

**19~24.** 사이드의 엑스테리어 부분은 수평 파팅으로 나누어 아웃 컬 위치를 맞추어 아웃 컬로 시술한다.

25

26

27

**25~27.** 센터를 중심으로 리버스 방향으로 반 바퀴 감아 모발 끝까지 내려온다.

**28~30.** 얼굴 방향 쪽으로 진행하면서 동일한 방법으로 버티컬 파팅, 리버스 방향으로 반 바퀴 감아 내려온다.

**31~33.** 사이드는 리버스 방향으로 반 바퀴 회전하여 내려오다 모발 중간 부분을 손으로 잡고 모발 끝까지 내려온다.

**34~36.** 센터를 중심으로 리버스 방향으로 반 바퀴 감아 모발 끝까지 내려온다.

37

38

39

**37~39.** 반대쪽 사이드와 동일한 방법으로 시술한다.

40

41

42

**40~45.** 프린지는 가볍게 C 컬로 아이론한다.

43

44

45

**46~48.** 마무리는 광택 스프레이 도포 후 손으로 컬을 풀면서 정리한다.

## 5. 숏 커트[인 컬 아이론(Short Cut In Curl Iron)]

완성형 – 앞

완성형 – 옆(오른쪽)

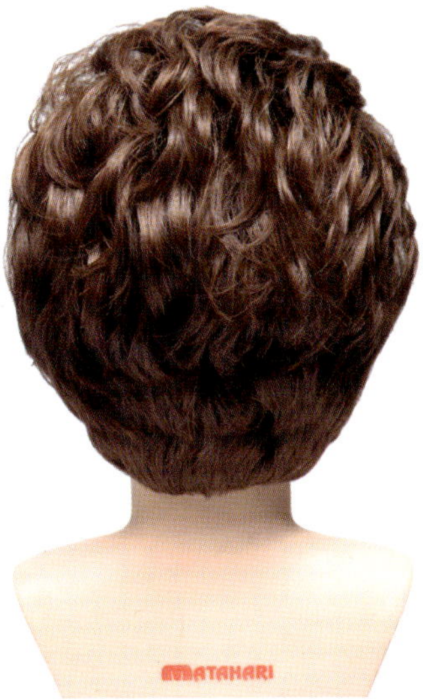

완성형 – 뒤

완성형 – 옆(왼쪽)

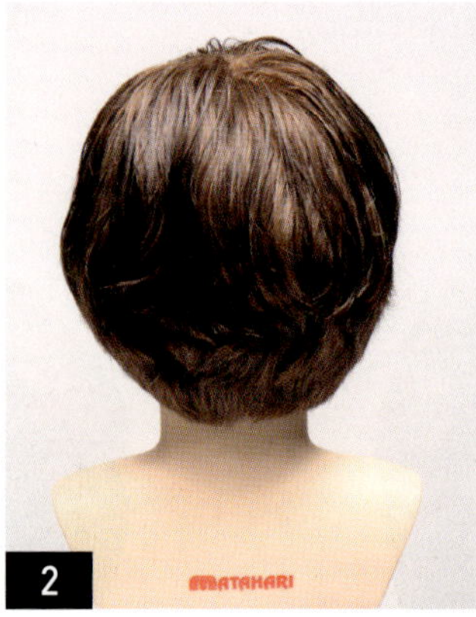

**1~3.** 시술 전

**4~6.** 핸드 드라이로 왼쪽 가르마를 타고 프린지 부분에 볼륨을 살려준다.

**7~9.** 탑 부분도 뿌리를 세워 드라이로 볼륨을 주면서 수분을 말려준다.

10

11

12

**10~12.** 네이프 부분은 온 베이스로 들어 C 컬로 반 바퀴 내려온다.

13

14

15

**13~15.** 다음 파팅도 동일하게 시술한다.

16

17

18

**16~18.** 수평 파팅 온 베이스로 잡아 C 컬 아이론한다.

**19~21.** 전대각 파팅, C 컬로 내려오면서 모발 끝 부분을 얼굴 방향으로 빼준다.

**22~24.** 수평 파팅 온 베이스로 잡아 강한 C 컬로 아이론한다.

28

29

30

**25~30.** 백 사이드 부분은 전대각 파팅, C 컬로 내려오면서 모발 끝 부분을 얼굴 방향으로 빼준다.

31

32

33

**31~33.** 수평 파팅, 온 베이스로 잡아 한 바퀴 강하게 회전하여 아이론한다.

34

35

36

**34~36.** 온 베이스로 잡아 C 컬을 그리면서 얼굴 방향으로 모발 끝을 빼면서 내려온다.

**37~39.** 가르마를 중심으로 뿌리 부분에 볼륨을 살리면서 C 컬을 그리며 내려온다.

**40~42.** 반대쪽도 동일하게 시술한다.

**43~45.** 프린지 부분은 수평 파팅으로 나누어 C 컬로 아이론하며 오른쪽 방향으로 아이론을 뺀다.

**46~48.** 프린지 부분을 수직 파팅으로 나누어 C 컬을 그리며 얼굴 반대방향으로 아이론을 빼준다.

**49~51.** 왼쪽 파팅으로 진행하면서 볼륨을 살려 C 컬 아이론한다.

**52~54.** 스프레이 도포 후 드라이로 열을 주어 볼륨을 살려준다.

## 6. 숏커트[C 컬 볼륨 아이론(Short Cut C Curl Volume Dry)]

완성형 – 앞

완성형 – 옆(오른쪽)

완성형 – 뒤

완성형 – 옆(왼쪽)

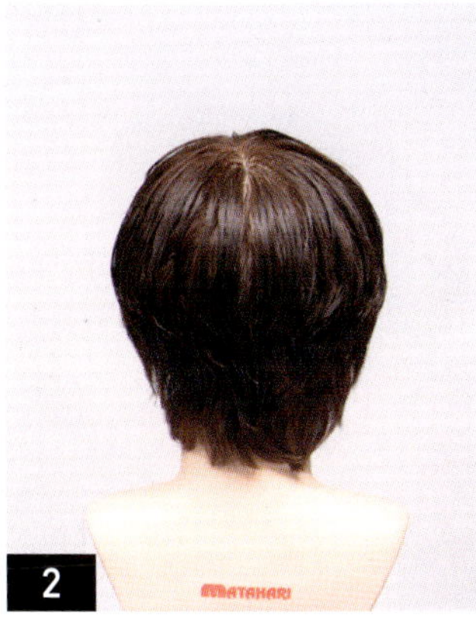

**1~3.** 시술 전

**4~6.** 기본 볼륨 드라이 탑 부분과 후두부 모발을 들어 모근 부분에 드라이 열을 주어 볼륨을 준다.

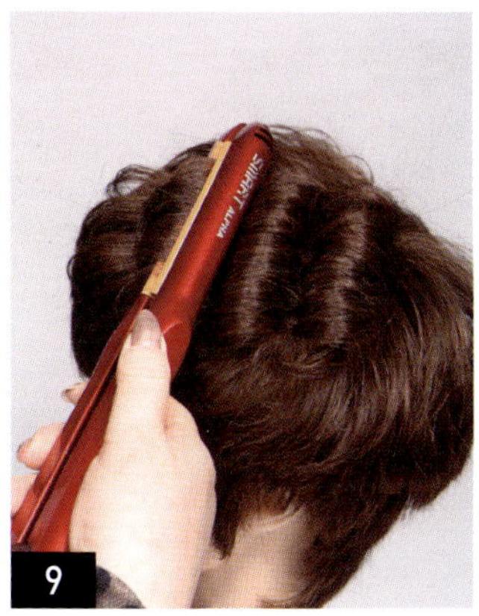

**7~9.** 왼쪽 탑 부분부터 시작하여 인 컬로 반 바퀴 말아 볼륨을 준다.

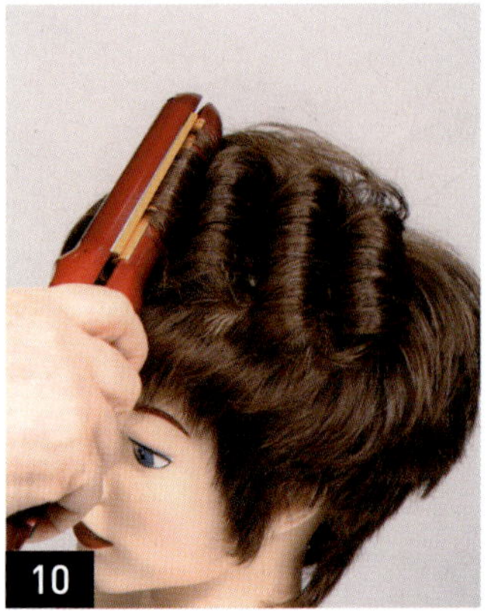

**10~12.** C.P 방향으로 내려오면서 사선 파팅으로 볼륨을 준다.

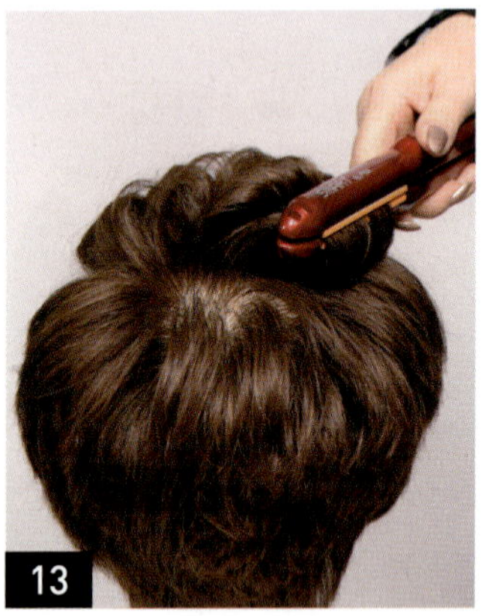

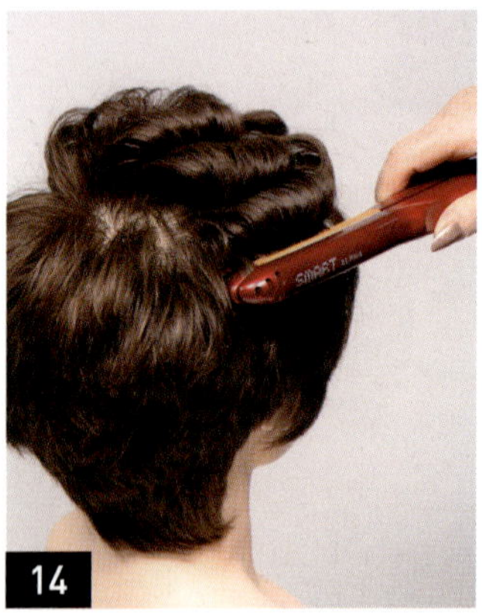

**13~15.** 시계방향으로 돌면서 C 컬의 볼륨을 만든다.

**16~18.** 프린지 부분은 인 컬로 오른쪽 방향으로 빼준다.

**19~21.** 왼쪽 사이드는 가볍게 C 컬로 드라이한다.

**22~24.** 프린지 부분은 가볍게 C 컬로 오른쪽으로 끝을 빼며 볼륨을 준다.

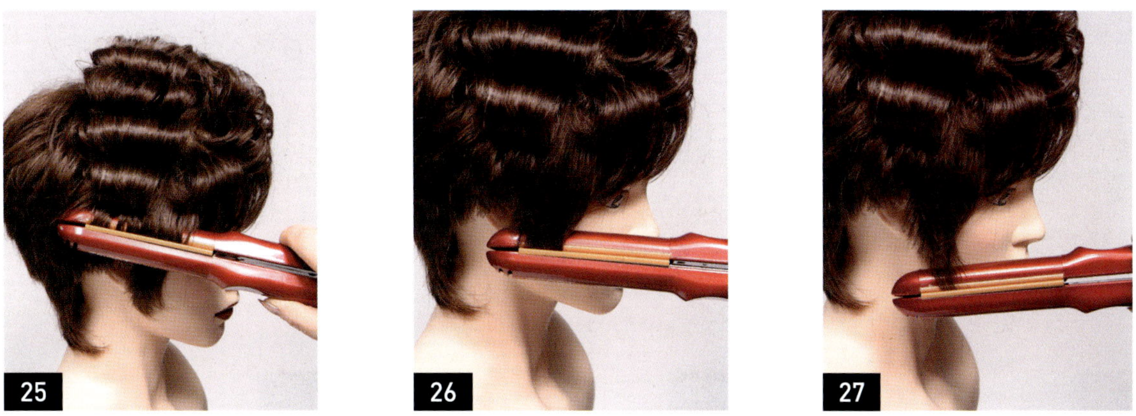


**25~27.** 오른쪽 사이드는 가볍게 C 컬로 드라이한다.

**28~30.** 오른쪽 백 사이드에서 두상각 90° 로 뿌리 볼륨을 주어 아래 판넬 부분까지 볼륨을 준다.

**31~33.** 백 센터 부분도 두상각 90° 로 뿌리 볼륨을 주어 아래 판넬 부분까지 볼륨을 준다.

**34~36.** 왼쪽 백 사이드 부분은 다이애거널 파팅으로 아래 판넬로 내려오면서 볼륨을 준다.

37

38

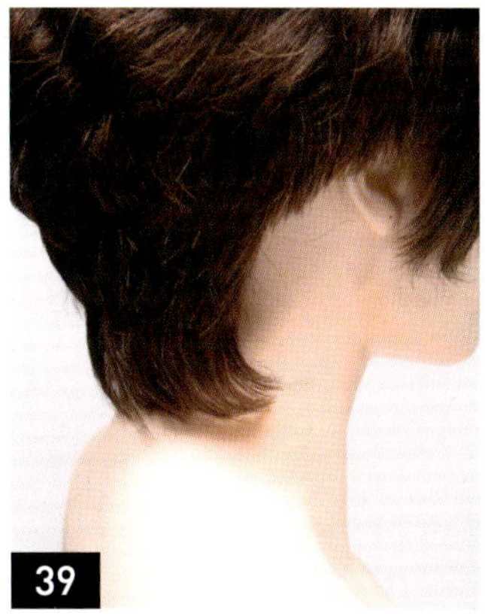
39

**37~39.** 양 네이프 사이드는 모발 끝을 얼굴 방향으로 빼면서 드라이한다.

40

41

42

**40~42.** 아이론 완성 사진

43

44

45

**43~45.** 손가락을 이용하여 모발의 컬을 풀어주고 스프레이로 고정한다.

## 7. 물결 웨이브

완성형 – 앞

완성형 – 옆(오른쪽)

완성형 – 옆(왼쪽)

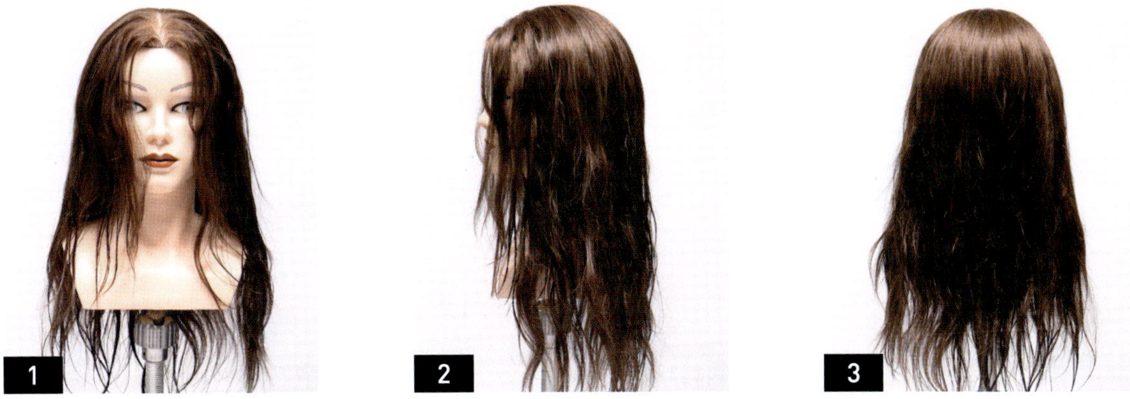


**1~3.** 시술 전

**4~6.** 3등분 블로킹

**7~9.** 아이론이 볼록하게 나온 부분이 아래로 가게 하여 인 컬 방향으로 반 바퀴 감아 C 컬을 그리며 4cm 내려와 아이론을 빼고 판넬을 위로 밀어 C 컬을 고정한다.

**10~12.** 아이론이 볼록하게 나온 부분이 위로 가게 하여 아웃 컬 방향으로 반 바퀴 감아 C 컬을 그리며 4cm 내려와 아이론을 빼고 판넬을 위로 밀어 C 컬을 고정한다.

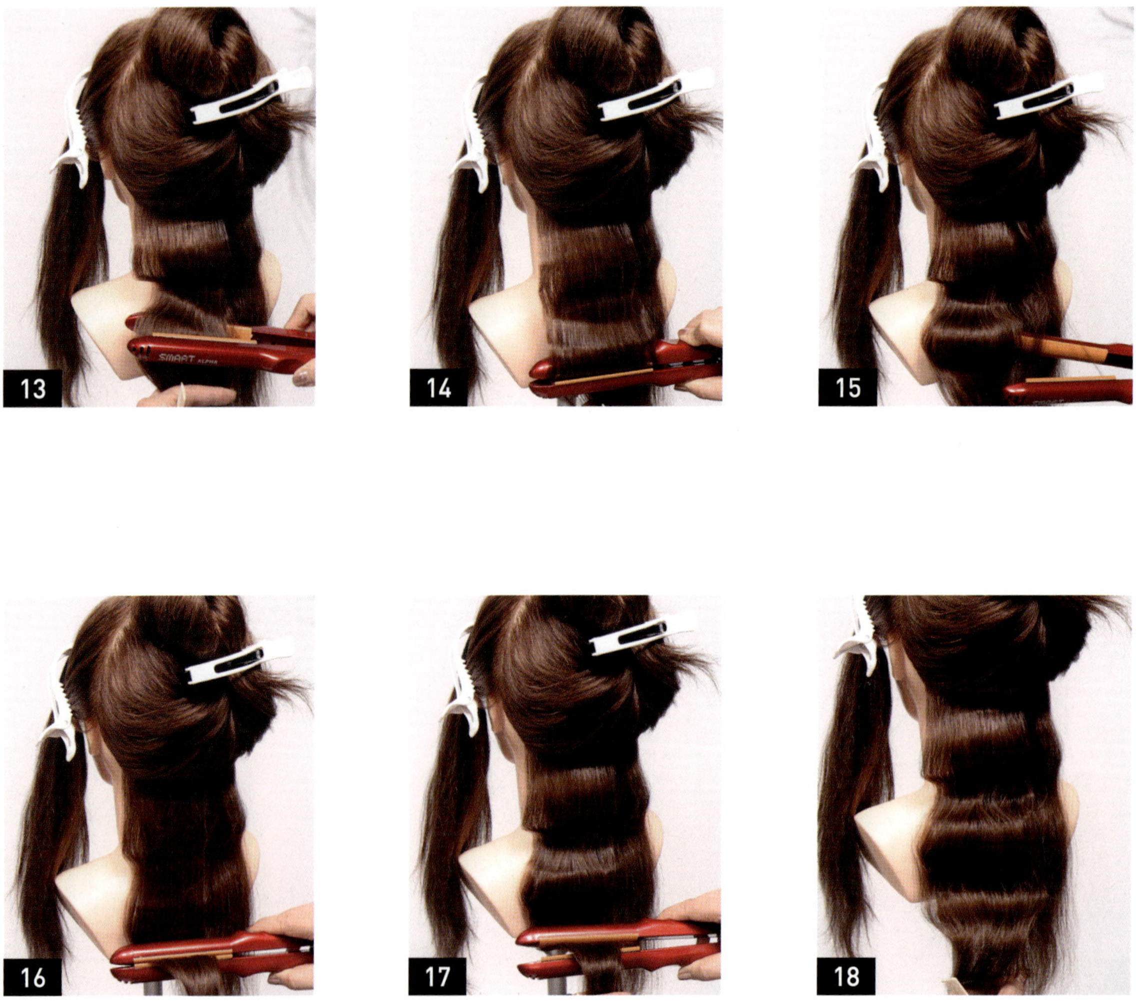


**13~18.** 동일한 방법으로 연속으로 S 컬을 만든다.

19~21. 옆 판넬과 맞추어 아이론이 볼록하게 나온 부분이 아래로 가게 하여 인 컬 방향으로 반 바퀴 감아 C 컬을 그리며 4cm 내려와 아이론을 빼고 판넬을 위로 밀어 C 컬을 고정한다.

22~24. 옆 판넬과 맞추어 아이론이 볼록하게 나온 부분이 위로 가게 하여 아웃 컬 방향으로 반 바퀴 감아 C 컬을 그리며 4cm 내려와 아이론을 빼고 판넬을 위로 밀어 C 컬을 고정한다.

25~27. 동일한 방법으로 S 컬을 만든다.

**28~30.** 오른쪽 백 사이드에서 두상각 90° 로 뿌리 볼륨을 주어 아래 판넬 부분까지 볼륨을 준다.

**31~33.** 아래 판넬과 동일한 방법으로 시술하며 아래 판넬 웨이브 위치에 맞추어 웨이브를 만든다.

**34~36.** 탑 부분부터 볼륨을 주며 인 컬을 그리며 백 부분까지 내려온다.

**37~45.** 아래 판넬과 동일한 방법으로 시술하며 아래 판넬 웨이브 위치에 맞추어 웨이브를 만든다.

**46~51.** 사이드 부분도 옆 판넬과 동일한 방법으로 시술하되 옆 판넬의 S 컬 위치를 맞추어 웨이브를 만든다.

**52~57.** 프린지 부분도 모근에 볼륨을 주며 사이드의 물결 웨이브에 맞추어 동일한 방법으로 시술한다.

**58~66.** 반대쪽 사이드와 동일하게 시술한 후 스프레이로 고정한다.

## 제4장 원형 아이론 스타일

### 1. 28mm 아이론을 이용한 S 컬 웨이브

완성형 – 앞

완성형 – 옆(오른쪽)

완성형 – 뒤

완성형 – 옆(왼쪽)

완성형 – 앞

완성형 – 옆

완성형 – 뒤

완성형 – 옆

**1~3.** 시술 전

**4~6.** 핸드 드라이를 이용하여 모근 부위에 볼륨을 준다.

**7~8.** 금속 롤 브러시를 이용하여 S.C.P에서 대각선으로 드라이 열을 주면서 올려 드라이한다. 대각선으로 다시 빗질하여 빗질했던 반대 방향으로 롤을 밀어 볼륨을 준 뒤 열을 준다.

**10~12.** 드라이 롤을 이용해 두상에서 90° 들어 올려 뿌리 볼륨을 살려 드라이한다. 왼쪽 가르마를 중심으로 뒤로 밀어 드라이 후 앞쪽으로 당겨 뿌리를 세운 뒤 열을 주어 뿌리 볼륨을 살린다. 포물선을 그리듯 크게 C 컬을 그리며 겉 머리를 사전 드라이한다.

**13~15.** 원형 아이론을 45° 기울인 뒤 모발을 리버스 방향으로 감아 열을 준다.

**16~18.** 아이론에서 모발을 빼면서 모발을 손으로 잡아 열을 식히면서 웨이브의 굵기를 정한다.

**19~21.** 센터를 중심으로 리버스 방향으로 롤을 말아 웨이브를 만든다.

**22~24.** 원형 아이론을 45° 기울인 뒤 모발을 리버스 방향으로 감아 열을 준다.

**25~27.** 반대쪽도 모발을 리버스 방향으로 감아 열을 준다.

**28~30.** 오른쪽 사이드로 연결하여 발을 리버스 방향으로 감아 열을 준다.

**31~33.** 왼쪽 사이드는 동일하게 아이론을 45° 기울인 뒤 모발을 리버스 방향으로 감아 열을 준다.

**34~36.** 프린지 부분은 수직 파팅으로 모근 1/2 지점 다이에거널 방향으로 반 바퀴 와인딩하여 사선으로 내려오면서 뜸을 준다.

**37~39.** 2번째 프린지 파팅도 전 파팅과 동일하게 시술한다.

**40~42.** 마무리 스프레이로 뿌리 부분에 뿌려준 뒤 드라이로 열을 주어 고정 손가락으로 웨이브를 풀며 정리한다.

## 모델 적용 사진

완성형 – 앞

완성형 – 옆(오른쪽)

완성형 – 뒤

완성형 – 옆(왼쪽)

# 참고문헌


1. 강영숙, 김순옥, 김지연, 안영희, 이점숙, 이성범, 오현주, 유현주, 소영진, 최연희, 최정명, 아이론 & 블로우 드라이 스타일링 =Iron & blow dry styling / 강영숙 외 지음.서울 : 훈민사, 2005
2. 홍수경, 김주덕. Styling을 위한 Hair Treatment의 중요성에 관한 연구. 한복문화, 2006, 9.3: 29-42.
3. 박원석, 김수연, 이준희, 이오택, 최미정, & 박성우(2011). 편광현미경을 이용한 천연모 모수질 형태 분석. 과학수사학, 5(2), 133-138.
4. 손해경. 펌 시술이 모발 손상에 영향을 미치는 원인. 한국인체미용예술학회지, 2008, 9: 5-19.
5. 진병운, 장미여, 박은준, & 유병수(2010). 영유아기와 아동기 모발의 이, 화학적 성상과 형태의 차이. 대한미용학회지, 6(3), 295~302.
6. 김청운, 전홍성. 탈색시간과 과산화수소 농도에 의한 모발의 손상. 한국생활과학회지, 2005, 14.3: 433~439.
7. 황규성, 임도선, 안동춘, 이상완&백두진(2008). 매장 후 사람 머리털의 풍화과정에 대한 주사전자현미경적 연구. 대한체질인류학회지, 21(3), 181~190.
8. 박귀희, 임순녀. 발효녹차액을 이용한 모발의 트리트먼트 효과. 한국염색가공학회지, 2014, 26.4: 353~362.
9. 강상모, 전병문. 전해수(電解水)의 모발결합현상에 관한 이론적 고찰연구, 한국미용학회지, 2013, 19.1: 1-7.
10. 강남순, 웹 카메라에서 블록정합기법을 이용한 헤어커팅 포인트 분석 및 개선 v.5 no.4, 2009년, pp.189~197, 디지털산업정보학회
11. 어수연, 김순경, 김기영. 전기 아이론 웨이브 시술온도에 따른 S-웨이브 유지시간, 모발의 물리적 성상과 형태학적 변화. 한국미용학회지, 2013, 19.4: 642~651.
12. 김경애, 이미식, 블로우드라이 & 아이론 헤어스타일링. 서울 : 훈민사.

# 베이직 스타일링 프로

## BASIC STYLING PRO

**초판 인쇄** 2016년 9월 20일
**초판 발행** 2016년 9월 25일
**개정1판 발행** 2020년 4월 30일
**개정1판 2쇄 발행** 2022년 3월 15일

**지은이** 이재숙 · 우선제 · 김용순 · 전소리 · 문소희 · 김유라
**발행인** 조규백

**발행처** 도서출판 구민사
**주소** (07293) 서울특별시 영등포구 문래북로 116, 604호(문래동3가 46, 트리플렉스)
**전화** (02)701-7421
**팩스** (02)3273-9642
**홈페이지** www.kuhminsa.co.kr

**신고번호** 제 2012-000055호(1980년 2월 4일)
ISBN 979-11-5813-836-3 (93590)

**정가** 28,000원